Sammlung

von

arithmetischen Auflösungen

algebraischer Aufgaben.

Zum Schul-Unterricht.

Von

S. Sachs,

Königl. pens. Bau-Inspektor.

Berlin.

Druck und Verlag von Georg Reimer.

1855.

Vorrede.

Die nachfolgende Schrift ist als ein Anhang zu den von mir bei Duncker und Humblot herausgegebenen „Auflösungen der algebraischen Aufgaben von Meier Hirsch," von welchem Werke, beiläufig gesagt, im vorjährigen Sommer die achte Auflage erschienen ist, zu betrachten. Der Zweck derselben ist, zu zeigen, wie man auch ohne Algebra und nur mit Hülfe eines ganz gewöhnlichen arithmetischen Kalküls dergleichen schwierige Aufgaben aufzulösen im Stande sei. Durch den anzustellenden Vergleich zwischen beiden Auflösungsarten, der algebraischen und arithmetischen, gewinnt der Schüler erst die eigentliche Gewandtheit in dergleichen geistigen Operationen, indem beide Arten sich gegenseitig unterstützen, und dazu beitragen das gesuchte Resultat auf dem kürzesten Wege zu erlangen. Um in den wahren Geist der Algebra einzudringen wird es zu empfehlen sein, daß man, bevor man zu der algebraischen Auflösung schreitet, den Versuch mache, die Auflösung auf dem Wege der bloßen arithmetischen Demonstration zu finden. — Der Verfasser wünscht und hofft, daß diese kleine Zugabe sich einer eben so willkommnen Aufnahme zu erfreuen haben möge, wie dieses mit dem Hauptwerk noch bis auf den heutigen Tag der Fall ist. Uebrigens sind keine Kosten gescheuet worden, um diesem Werkchen dieselbe saubere Ausstattung, wie die erwähnte achte Auflage des Hauptwerks erhalten hat, zu geben, damit es sich demselben auch in dieser Beziehung würdig anzureihen vermöge.

Berlin, den 14. Oktober 1854.

Der Verfasser.

1.

Die Summe zweier Zahlen sei 70 und ihre Differenz 16; wie groß sind die Zahlen selbst?

Auflösung.

Die Summe 70 besteht aus 2mal der kleinern Zahl nebst 16. Subtrahirt man daher 16 von 70 und halbirt man den Rest 54, so erhält man 27 als die kleinere Zahl u. s. w.

2.

Zwei Zahlen A und B werden gesucht. Subtrahirt man 100 von A und addirt sie zu B, so ist A gleich B. Subtrahirt man 100 von B und addirt sie zu A, so ist A gleich 2B.

Auflösung.

Nach dem ersten Theil der Aufgabe wächst B um 200 gegen A und ist der A gleich. Die Differenz der beiden gesuchten Zahlen ist daher 100. Nach dem zweiten Theil ist A gegen B um 400 größer und ist alsdann gleich 2B oder 800, folglich ist A gleich 700 und B gleich 500.

3.

Vermehret man von 2 Zahlen A und B, die kleinere B um 8, so ist sie gleich $\frac{1}{2}$A; addirt man aber 8 zu A, so ist A gleich 3B; wie groß ist jede Zahl?

Auflösung.

Bevor B um 8 vermehrt worden, war diese Zahl halb so groß wie A weniger 8, oder A war gleich 2B nebst 16. Wird A also um 8 vermehrt, muß A gleich 2B nebst 24 sein, und dieses nach der Aufgabe gleich 3B, folglich ist B gleich 24 u. s. w.

4.

Wenn bei Uebersendung einer Summa von 9 Thlr. das Porto zu 10 Procent auf der Post beigelegt werden soll; wie wird diese Beilage berechnet, da von ihr doch auch das Porto entrichtet werden muß?

Auflösung.

Zehn Procent ist gleich $\frac{1}{10}$ der zu übersendenden Summe. Würde nun das Porto auf $\frac{1}{10}$ von 9 Thlr., d. i. 27 Sgr. berechnet und beigelegt, so sind die 27 Sgr. nicht $\frac{1}{10}$, sondern nur $\frac{1}{11}$ von 9 Thlr. 27 Sgr. Die Beilage muß daher 1 Thlr. betragen, und von diesen 10 Thlrn. entrichtet der Empfänger $\frac{1}{10}$ gleich 1 Thlr. als Porto, welches statt $\frac{1}{10}$ von 9 Thlr., $\frac{1}{9}$ beträgt.

5.

Die Zahl 250 soll so in 2 Theile zerlegt werden, daß $\frac{1}{4}$ des einen Theils zu $\frac{1}{3}$ des andern Theils addirt gleich 75 sei. Welche Zahlen sind es?

Auflösung.

Multiplizirt man beide Brüche mit 3, so erhält man den einen Theil ganz und von dem andern Theil $\frac{3}{4}$; dieses giebt zusammen 3mal 75, gleich 225. Von dem zweiten Theil fehlt $\frac{1}{4}$ desselben und dieses $\frac{1}{4}$ ist gleich 25, weil 250 weniger 225 gleich 25 ist, mithin ist dieser Theil gleich 100, und also der andere gleich 150.

6.

Es sollen 1000 Thlr. unter A, B und C so vertheilt werden, daß B 100 Thlr. mehr als A, und C 270 Thlr. mehr als B erhält; wieviel bekommt Jeder?

Auflösung.

Außer den 3 gleichen Summen, die A, B, C erhalten, bekommt B 100 Thlr. und C 370 Thlr., also B und C zusammen 470 Thlr. mehr als A. Subtrahirt man also 470 von 1000 und dividirt man den Rest 530 durch 3, so erhält man $176\frac{2}{3}$ Thlr. für A, u. s. w.

7.

Unter 5 Kinder A, B, C, D, E soll der Nachlaß von 1000 Thlrn. so vertheilt werden, daß jedes Kind 20 Thlr. mehr als das zunächst jüngere bekommt; wieviel erhält jedes Kind?

Auflösung.

Außer den 5 gleichen Theilen von A, B, C, D und E erhält B, 20 Thlr., C, 40 Thlr., D, 60 Thlr. und E, 80 Thlr., also zusammen 200 Thlr. mehr als A. Subtrahirt man also 200 von 1000 und dividirt den Rest 800 durch 5, so ergiebt sich 160 Thlr. für A, u. s. w.

8.

Jemand macht eine Reise von 1000 Meilen, und zwar $3\frac{1}{2}$mal soviel zu Wasser als zu Pferde und $2\frac{1}{3}$mal soviel zu Fuß als zu Wasser. **Wieviel Meilen hat er zu Pferde, zu Wasser und zu Fuß zurückgelegt?**

Auflösung.

Diese Reise zerfällt in 3 Theile, die sich verhalten wie 1 zu $3\frac{1}{2}$, zu $2\frac{1}{3}$mal $3\frac{1}{2}$ gleich $8\frac{1}{6}$. Die Summe dieser 3 Verhältnißzahlen, 1, $3\frac{1}{2}$, $8\frac{1}{6}$, beträgt $12\frac{2}{3}$. Dividirt man daher 1000 durch $12\frac{2}{3}$, so erhält man für die Reise zu Pferde $78\frac{18}{19}$ Meilen, u. s. w.

9.

Es hatte A vor dem Kartenspiele 42 Thlr. und B 24 Thlr. bei sich. Nach dem Spiele hatte A 3mal soviel Geld als B. Wer hat gewonnen und wieviel betrug der Gewinn?

Auflösung.

Dividirt man die Summe von 42 Thlr. nebst 24 Thlr. gleich 66 Thlr. durch 4, und multiplizirt den Quotienten $16\frac{1}{2}$ mit 3, so erhält man $49\frac{1}{2}$ Thlr. als das Geld, welches A nach dem Spiele hatte, und folglich war sein Gewinn gleich $7\frac{1}{2}$ Thlr. u. s. w.

10.

Drei Zahlen A, B, C geben bei der Division B durch A den Quotienten 2 und Rest 1, C durch B den Quotienten 3 Rest 3. Ihre Summe sei gleich 70. Welche Zahlen sind es?

Auflösung.

Die Summe 70 besteht aus 2A nebst 1 und aus 3mal (2A nebst 1) oder 6A nebst 3 und hierzu der Rest 3, giebt 6A nebst 6, also überhaupt aus 9A nebst 7.

Subtrahirt man daher 7 von 70 und dividirt den Rest 63 durch 9, so erhält man 7 für A u. s. w.

11.

Dem Boten A, der vor 10 Tagen abgegangen, und täglich 4 Meilen macht, wird ein zweiter B nachgeschickt, der täglich 9 Meilen macht; wann wird B den A einholen?

Auflösung.

A hat 40 Meilen voraus, die B, der täglich 5 Meilen mehr macht, in 8 Tagen einbringt, in welcher Zeit er den A erreicht.

12.

Dem Boten A, der vor 8 Stunden abgegangen und alle 5 Stunden 7 Meilen macht, wird ein zweiter B, der in 3 Stunden 5 Meilen macht, nachgeschickt, wann wird B den A erreichen?

Auflösung.

A hat 8mal $\frac{7}{5}$, gleich $11\frac{1}{5}$ Meilen voraus, die B, der in der Stunde $\frac{5}{3}$ weniger $\frac{7}{5}$ gleich $\frac{4}{15}$ Meilen mehr zurücklegt, in 42 Stunden einbringt, in welcher Zeit er also A erreicht haben wird.

13.

Aus den Orten a und b, die 94 Meilen von einander entfernt sind, wird von b aus der Bote B, der alle 6 Tage 31 Meilen macht, dem A, der täglich 7 Meilen macht, und schon vor 12 Tagen von a abgegangen, entgegen geschickt; wann werden sie zusammentreffen?

Auflösung.

Der Bote B, der täglich $5\frac{1}{6}$ Meilen macht, und der Bote A, der täglich $3\frac{1}{2}$ Meilen macht, legen jeden Tag zusammen $8\frac{2}{3}$ Meilen zurück. Nun war A schon um $3\frac{1}{2}$mal 12, gleich 42 Meilen gegen b vorgerückt, man braucht daher nur 94 weniger 42 gleich 52 durch $8\frac{2}{3}$ zu dividiren, um die 6 Tage zu erhalten, in welchen A und B zusammentreffen.

14.

Als ich 30 Jahre zählte, sagte Jemand, ward mir mein ältster Sohn und zu 34 Jahr mein jüngster Sohn geboren. Jetzt sind wir zusammen 146 Jahr alt. Wie alt ist Jeder?

Auflösung.

Der Vater und der älteste Sohn sind zusammen um 38 Jahr älter als der jüngste Sohn. Subtrahirt man daher 38 von 146 und dividirt den Rest 108 durch 3, so ergeben sich 36 Jahre für das Alter des jüngsten, u. s. w.

15.

Man soll ein 15eimeriges Faß mit 2 Sorten Wein A und B füllen, wenn der Eimer von A, 24 Fl., der von B, 42 Fl. kostet, und der Preis von dem gemischten Wein 30 Fl. sein soll; wieviel ist von jeder Sorte zu nehmen?

Auflösung.

Der Werth der Mischung soll um 6 Fl. größer als der von A sein. Nun ist der Werth von B um $\frac{3}{4}$ größer als der von A. Dividirt man also 6 Fl. durch $\frac{3}{4}$, so erhält man 8. Man muß daher für 8 Fl. von A, d. i. $\frac{1}{3}$ Eimer, hinweg nehmen, und durch $\frac{1}{3}$ Eimer des B, welcher 14 Fl. kostet, ersetzen. Mithin muß das 15-eimerige Faß 10 Eimer von A und 5 Eimer von B enthalten.

16.

Lassen sich mit 15 Geldstücken, theils 8 Gr. theils 2 Gr., die Summe von $3\frac{1}{2}$ Thlr. auszahlen, und wieviel Stücke müssen von jeder Münzsorte genommen werden?

Auflösung.

Würde man lauter 2 Gr.-Stücke nehmen, so beträgt dies 30 Gr. Es fehlte also an $3\frac{1}{2}$ Thlr., oder an 84 Gr. die Summe von 54 Gr. Da nun 8 Gr. um 6 Gr. mehr als 2 Gr. sind, so muß man 54 durch 6 dividiren, woraus 9 erfolgt, und müssen also 9 Stück zu 8 Gr. und 6 Stück zu 2 Gr. genommen werden.

17.

Wie groß ist das Kapital, wenn ihm die Zinsen zu 6 Procent in 12 Jahren bis auf 840 Thlr. gleich kommen?

Auflösung.

In $16\frac{2}{3}$ Jahren sind die Zinsen zu 6 Procent dem Kapitale gleich. Da nun hier die Zinsen von $4\frac{2}{3}$ Jahren 840 Thlr. betragen, so beträgt der jährliche Zins 180 Thlr. und muß demnach das Kapital 3000 Thlr. sein.

18.

Wie oft werden sich auf dem Zifferblatt einer Uhr, während eines Umlaufs des Stundenzeigers, beide Zeiger einander decken und in welcher Raum-Minute zwischen je 2 aufeinander folgenden Stunden wird dies geschehen?

Auflösung.

Stehen beide Zeiger auf 12, so ist der Ausgangspunkt des Minutenzeigers eigentlich um 60 Raum-Minuten von dem des Stundenzeigers entfernt. Während der Stundenzeiger eine Raum-Minute durchläuft, bewegt sich der Minutenzeiger durch 12, also durch 11 solcher Minuten weiter vorwärts. Dividirt man daher 60 durch 11, so findet man, daß in $5\frac{5}{11}$ Minuten nach 12 die erste, in $10\frac{10}{11}$ Minuten die zweite Deckung, und so in jeden folgenden $5\frac{5}{11}$ Minuten eine solche Deckung beider Zeiger erfolgte, welches sich bei dem einmaligen Umlauf des Stundenzeigers 11mal wiederholt.

19.

A spricht zu B: Du bist jetzt 9 Jahr und ich bin 40 Jahr, also mehr als 4mal so alt wie du; wann werde ich nur 2mal so alt wie du sein?

Auflösung.

Der Unterschied beider Alter ist 31 Jahr, wenn also der jüngere B, 31 Jahr alt sein wird, so beträgt dieser Unterschied die Hälfte des Alters von A. Subtrahirt man demnach 9 von 31, so giebt der Rest 22 die Anzahl der Jahre an, in welchen A, 62 Jahr, also doppelt so alt wie B ist.

20.

Wenn A, 30 Jahr und B, 20 Jahr alt ist, und also A $1\frac{1}{2}$mal so alt als B ist; wann würde A nur $1\frac{1}{3}$mal so alt als B sein?

Auflösung.

Sobald der Unterschied von 10 Jahren $\frac{1}{3}$ von dem Alter des B beträgt, wenn nämlich B, 30 Jahr und also A, 40 Jahr alt sein wird.

21.

Wenn im vorhergehenden Fall verlangt worden wäre den Zeitpunkt anzugeben, wann A 6mal so alt als B war, wie müßte dann die Antwort lauten?

Auflösung.

Der Unterschied von 10 Jahren mußte durch 5 dividirt werden, woraus sich 2 Jahre für das Alter des B und also 12 Jahre für das des B ergeben.

22.

Wenn A, 30 Jahr, B, 26 Jahr und C, 6 Jahr alt ist; wann wird B und C zusammen so alt wie A sein?

Auflösung.

Der Unterschied zwischen dem Alter des A und der Alterssumme von B und C beträgt 30 weniger 26 gleich 4 Jahr. Wird A ein Jahr älter, wächst die Summe um 2 Jahr, und wird also der Unterschied um 1 Jahr kleiner, und verschwindet demnach gänzlich in 4 Jahren, und dies folglich der gesuchte Zeitpunkt, wo A gleich 34 Jahr und auch B nebst C gleich 34 Jahr ist.

23.

Das Alter von A, B und C beträgt 49, 30 und 20 Jahre. Vor wieviel Jahren war A nur $\frac{1}{4}$ der Alterssumme S von B nebst C älter als diese Summe?

Auflösung.

Jetzt enthält S ein Jahr mehr als A. Ein früherer Zeitpunkt wird gesucht, wo in S 4 gleiche Theile und in A 5 solcher Theile enthalten waren, also beide zusammen 9 solcher Theile enthielten. Gegenwärtig besteht also das Alter von S aus 2mal des gesuchten Zeitpunkts, d. i. aus 2mal der gesuchten verflossenen Jahre nebst 4 Theilen, und das Alter des A aus dem einmaligen Zeitpunkt nebst 5 Theilen. Da nun A und S einander gleich sind bis auf 1, welche A weniger als S enthält, so ist auch ein solcher Theil gleich der gesuchten Anzahl Jahre weniger 1 Jahr. Hiernach besteht das jetzige Alter des A aus 6 Theilen nebst 1 und das des S aus 6 Theilen nebst 2. Mithin enthält die Summe von 49 nebst 50, gleich 99 Jahren 12 Theile nebst 3 Jahren. Subtrahirt man daher 3 von 99 und dividirt den Rest 96 durch 12, so erhält man 8 Jahr für einen Theil und 8 nebst 1 gleich 9 für die gesuchte Anzahl der Jahre. Vor 9 Jahren war A gleich und vor 2mal 9 Jahren, gleich 18 Jahr, war S gleich 32 Jahre u. s. w.

24.

B spricht zu A: dein wöchentliches Einkommen beträgt 20 Thlr., multiplicirt man aber mein geringeres

Einkommen mit 5, so ist es um eben soviel mehr, als es jetzt kleiner als dein Einkommen ist. Wie groß ist das Einkommen von B?

Auflösung.

Durch die Multiplication mit 5 wird das Einkommen des B um das 4fache vermehrt, also muß B um das 2fache seines Einkommens weniger als das Einkommen von A haben, indem er alsdann um das zweite 2fache mehr als A hat. Wenn aber B um das 2fache weniger als A hat, so muß das Einkommen von B um $\frac{1}{3}$ von 20, gleich $6\frac{2}{3}$ Thlr. sein. Die 4fache Vermehrung beträgt also 4mal $6\frac{2}{3}$ gleich $26\frac{2}{3}$ Thlr., wovon er vor der Vermehrung, also $13\frac{1}{3}$ Thlr. weniger, und nach derselben um $13\frac{1}{3}$ Thlr. mehr als A hat.

25.

Von 2 ungleichen Zahlen ist die Summe aus ihrer Summe und Differenz gleich 12; welche Zahlen sind es?

Auflösung.

Die Summe 12 besteht aus 2mal der kleinern Zahl und 12mal der Differenz, oder aus 2mal der größern Zahl und ist daher die größere Zahl gleich 6. Für die kleinere Zahl giebt es 5 verschiedene Werthe, deren jeder mit der Differenz zusammen gleich 6 ist, sie lassen sich am bequemsten durch folgende beide Reihen übersehen:

1, 2, 3, 4, 5

5, 4, 3, 2, 1.

Von dem entsprechenden Gliederpaar der obern und untern Reihe ist immer ein Glied die kleinere Zahl und das andere die dazu gehörige Differenz. Zu 6 und 1 gehört die Differenz 5; zu 6 und 2 die Differenz 4 u. s. w. Alle 5 verschiedenen Zahlenpaare entsprechen der Aufgabe (6 nebst 1, nebst 5) gleich 12; (6 nebst 2, nebst 4) gleich 12 u. s. w.

26.

Welche 2 ungleiche Zahlen sind es, die, wenn man ihre Differenz von ihrer Summe subtrahirt, 12 zum Rest lassen?

Auflösung.

Da die Summe 2mal die kleinere Zahl und die Differenz enthält, so besteht der Rest, welcher bleibt, wenn man die Differenz von der Summe subtrahirt, aus 2mal der kleinen, die hier also gleich 6 ist. Die gesuchte größere Zahl kann demnach jede Zahl sein, die größer als 6 ist, indem sie alle den Bedingungen der Aufgabe entsprechen. Bei den Zahlen 7 und 6 ist die Summe 13, die Differenz 1, 13 weniger 1 gleich 12; von den Zahlen 6 und 8 ist die Summe 14, die Differenz 2, und 14 weniger 2 gleich 12 u. s. w.

27.

Was für 2 Zahlen sind es, deren Summe zu ihrem Produkt addirt eine Primzahl, z. B. 29 giebt (in welche keine andere Zahl als sie selbst oder die Einheit aufgeht).

Auflösung.

Jede Primzahl ist zugleich eine ungerade Zahl. Addirt man zu derselben 1, so ist die Summe eine gerade

Zahl, die aus mehr oder weniger Faktoren besteht. Dividirt man mit einem dieser Faktoren in eine solche Primzahl, so bleibt stets ein Rest, der um 1 kleiner als dieser Faktor (Divisor) ist, weil nämlich der Faktor deshalb, daß der Dividend um 1 vermindert ist, nicht aufgeht. Die Faktoren der um 1 vermehrten Primzahl 29 sind 2, 3, 5, 15, 10, 6, welche die Reste 1, 2, 4, 14, 9, 5 übrig lassen. Wählt man hier z. B. den Faktor 5 zum Divisor und vermindert ihn um 1, so ist er dem Rest 4 gleich, und man erhält zum Quotienten 6 oder 5 nebst 1. Der Dividend 29 besteht demnach aus 4mal 5 und 4 nebst 5; wählt man ferner den Faktor 10 zum Divisor, so besteht 29 aus 2mal 9 und 2 nebst 9 u. s. w. Es geben also jedesmal der so verwandelte Quotient und der Rest die beiden gesuchten Zahlen an. Es läßt sich daher die allgemeine Regel in folgender Weise fassen: Man sucht zu der gegebenen um 1 vermehrten Zahl (29 nebst 1) die Faktoren, mit denselben dividirt man nach und nach in die gegebene Zahl (29). Der dividirende um 1 verminderte Faktor und der entsprechende Rest sind die beiden gesuchten Zahlen.

28.

Nach einem Testamente erhält das älteste Kind 100 Thlr. und $\frac{1}{10}$ des Restes; jedes im Alter nachfolgende Kind erhält 100 Thlr. mehr, nämlich 200 Thlr., 300 Thlr. rc. und $\frac{1}{10}$ des zuletzt gebliebenen Restes. Bei der Theilung findet sich, daß das Vermögen gerade aufgeht, und daß jedes Kind gleich viel geerbt hat. Wie groß war das hinterlassene Vermögen, wieviel Kinder waren es und was hat jedes Kind erhalten?

Auflösung.

Nachdem das vorletzte Kind sein Vielfaches von 100 Thlr. und $\frac{1}{10}$ des Restes erhalten hat, müssen die übrig bleibenden $\frac{9}{10}$ dieses Restes gerade das Erbtheil des letzten Kindes ausmachen, weil nämlich das Vermögen gerade aufgeht. Nun hat das letzte Kind ein eben so Vielfaches von 100 Thlr. wie das vorletzte und noch 100 Thlr. erhalten, und beider Erbtheile sollen sich gleich sein, es muß also $\frac{1}{10}$ des letzten Restes genau 100 Thlr. und die $\frac{9}{10}$ des Erbtheils vom letzten Kinde 900 Thlr. betragen haben. Das Erbtheil des ältesten Kindes besteht aus 100 Thlr. und $\frac{1}{10}$ des Restes, und da dieses zusammen ebenfalls 900 Thlr. beträgt, so muß $\frac{1}{10}$ des Restes gleich 800 Thlr., und die ganze Erbschaft überhaupt gleich 8100 Thlr., und die Anzahl der Kinder gleich 9 sein.

29.

Wie läßt sich für die vorhergehende Aufgabe eine allgemeine Regel zur Auflösung angeben?

Auflösung.

Da das letzte Kind den ganzen letzten Rest ($\frac{9}{10}$) erhält, von dem das vorletzte Kind einen Theil ($\frac{1}{10}$) erhält, so ergiebt sich daraus, daß das letzte Kind soviel mal den Theil ($\frac{1}{10}$) bekommt als der um 1 verringerte Nenner des Bruchs ($\frac{1}{10}$) beträgt. Die Regel lautet demnach: man multiplicirt den um 1 verringerten Nenner des gegebenen Bruchs mit der ebenfalls gegebenen Zulage (100 Thlr.) zu dem Erbtheil eines jeden Kindes, dieses Produkt giebt die Größe des Erbtheils jedes einzelnen Kindes an, woraus sich in gezeigter Art die Erbschaft selbst und die Anzahl der Kinder ergeben. — Gesetzt, es sollte das älteste Kind 13 Thlr. und $\frac{1}{5}$ des Restes erhalten, und ebenso sollten alle nachfolgenden Kinder immer 13 Thlr. mehr und $\frac{1}{5}$ des jedesmaligen Restes bekommen, zugleich aber vorausgesetzt werden, daß jedes Kind gleich viel erbe, und daß das Vermögen gerade aufgehe, so ist 4mal 13 Thlr. gleich 52 Thlr. der Antheil jedes Kindes. Das älteste Kind hat 13 Thlr. nebst $\frac{1}{5}$ des Restes erhalten, dieses $\frac{1}{5}$ muß also gleich sein 52 Thlr. weniger 13 Thlr. gleich 39 Thlr., und ist daher das Vermögen selbst gleich 5mal 39 Thlr. nebst 13 Thlr. gleich 208 Thlr., woraus sich die Anzahl der Kinder gleich 208 dividirt durch 52 gleich 4 ergiebt.

30.

Von einer Anzahl Aepfel wird die Hälfte und ein halber Apfel weggenommen, und ebenso wird von dem Reste abermals die Hälfte und ein halber Apfel genommen. Hiermit wird so lange fortgefahren bis keine Aepfel mehr vorhanden sind. Wieviel Aepfel waren anfänglich da? und wieviel Stück sind jedesmal fortgenommen worden?

Auflösung.

Der letzte Rest muß aus einem Apfel bestanden haben, weil nur alsdann, nachdem die Hälfte und ein halber Apfel hinweggenommen wird, nichts übrig bleibt. Der zunächst vorhergehende Rest muß daher aus 3 Aepfeln bestanden haben; denn die Hälfte von 3 und ein halber Apfel beträgt 2 Aepfel und läßt einen Apfel zum Rest. Der ferner hiernächst vorangegangene Rest muß aus demselben Grunde gleich 7 gewesen sein. Fährt man auf diese Weise fort, so erhält man eine Reihe Zahlen, die mit 1 anfängt, und deren Glieder immer um das Doppelte nebst 1 wachsen. Nämlich: 1, 3, 7, 15, 31, 63 .... Diese Aufgabe gehört demnach zu den unbestimmten Aufgaben, indem das letzte Glied, welches ein willkürliches ist, die Anzahl der anfänglichen Aepfel angiebt.

31.

Wie läßt sich der vorhergehende Fall ganz im Allgemeinen auch auf andere Brüche als $\frac{1}{2}$ anwenden?

Auflösung.

Die allgemeine Regel lautet dahin: daß der Bruch, welcher anzeigt, wieviel von der Stückzahl weggenommen werden soll, so beschaffen sein muß, daß der Zähler um 1 kleiner als der Nenner ist. Sind es Drittel, so wird immer $\frac{2}{3}$ der Stückzahl nebst $\frac{1}{3}$ des einzelnen Stücks, sind es Viertel, so wird $\frac{3}{4}$ der Stückzahl nebst $\frac{1}{4}$ des einzelnen Stücks u. s. w. hinweggenommen. Für Drittel erhält man folgende Reihe: 1, 4, 13, 40, 121 .... wo das vorhergehende Glied mit 3 multiplicirt und 1 hinzu addirt wird. Für Viertel ergiebt sich die Reihe: 1, 5, 21, 85 .... u. s. w. Immer ist das erste Glied gleich 1. Nimmt man vom zweiten Gliede 4mal $\frac{2}{3}$, so macht dies $\frac{8}{3}$ und noch $\frac{1}{3}$, also zusammen $\frac{9}{3}$ gleich 3 hinweg, so bleibt das erste Glied 1. Wird vom dritten Gliede 13mal $\frac{2}{3}$, d. i. $\frac{26}{3}$ nebst $\frac{1}{3}$, zusammen $\frac{27}{3}$ gleich 9 fortgenommen, so bleibt das zweite Glied 4 u. s. w. In der zweiten Reihe entsteht das erste Glied 1, wenn man $\frac{3}{4}$mal das zweite Glied 5, d. i. $\frac{15}{4}$ nebst $\frac{1}{4}$, zusammen $\frac{16}{4}$ gleich 4 hinweg nimmt, und ebenso kommt das zweite Glied 5 zum Vorschein, wenn vom dritten Gliede 21mal $\frac{3}{4}$, d. i. $\frac{63}{4}$ nebst $\frac{1}{4}$, zusammen $\frac{64}{4}$ gleich 16 fortgenommen wird, u. s. w.

32.

Wie findet man die Zahl von der Beschaffenheit, daß sie bei der Division durch 2 gegebene Zahlen A und B 2 Quotienten hervorbringt, deren Summe einer ebenfalls gegebenen Zahl C gleich ist?

Auflösung.

Die Divisoren A und B lassen sich als Brüche darstellen, deren Zähler gleich 1 und deren Nenner A und B sind. Alsdann verwandelt sich die Division in eine Multiplikation, d. h. statt daß nach der Aufgabe die Summe der Quotienten gleich C sein soll, ist es nun die Summe der Produkte oder das Produkt der Summe beider Brüche mit der gesuchten Zahl, welches gleich C sein soll. Man braucht daher nur mit der Summe der Brüche in C zu dividiren, um den Quotienten für die gesuchte Zahl zu finden. Gesetzt es sei A gleich 2, B gleich 3 und C gleich 15, so ist $\frac{1}{2}$ nebst

$\frac{1}{3}$ gleich $\frac{5}{6}$, dieser Bruch in 15 dividirt giebt 18 zum Quotienten, welches die gesuchte Zahl ist.

33.

Eine gemischte Gesellschaft von Engländern, Franzosen und Deutschen speisen an mehreren Tafeln. Von den Franzosen nehmen immer 4 und von den Engländern 7 eine Tafel ein. Die Deutschen sitzen zusammen an einer Tafel. Hätte die Gesellschaft nur aus Franzosen, oder nur aus Engländern bestanden, und hätte man die in beiden Fällen erforderlichen Tafeln zusammen gezählt, so würden beide Summen zusammen addirt gleich 110 gewesen sein. Auch ist es bekannt, daß Franzosen und Engländer eine gleiche Anzahl Tafeln inne hatten, und daß die Deutschen an Personenzahl weniger als Franzosen sowohl als Engländer zusammen an 2 Tafeln gewesen waren. Aus wieviel Personen bestand die Gesellschaft? wieviel waren von jeder der 3 Nationen anwesend? und an wieviel Tafeln wurde gespeist?

Auflösung.

Es kommt hier nur darauf an, eine Zahl zu finden, die, wenn man sie durch 4 und 7 dividirt und die Quotienten addirt, 110 herausbringt. Es besteht also, nach vorhergehender Aufgabe, 110 aus 2 Faktoren, nämlich aus der Summe von $\frac{1}{4}$ nebst $\frac{1}{7}$ gleich $\frac{11}{28}$, und aus der zu suchenden Anzahl der Personen der ganzen Gesellschaft. Dividirt man daher 110 durch $\frac{11}{28}$, so giebt der Quotient 280 diese Zahl an. Dividirt man ferner mit der Summe aus 4 und 7, gleich 11, in 280, so erhält man 25 als Quotient und den Rest 5. Weil nun die Anzahl der Tafeln der Franzosen und Engländer einander gleich sein sollen, so ergiebt sich 4mal 25 gleich 100 Franzosen an 25 Tafeln, und 7mal 25 gleich 175 Engländer ebenfalls an 25 Tafeln. Der Rest 5 giebt die Anzahl der Deutschen an. — Die Voraussetzung von der Gleichheit der Tafelzahl war nöthig, wenn die Aufgabe nicht zu den unbestimmten gehören sollte. Denn es könnten dann eben so gut 26 Tafeln mit Franzosen und dagegen nur 1 Deutscher vorhanden sein. — Hätte ferner die Bedingung gefehlt, daß die Deutschen weniger als Franzosen und Engländer an je 2 Tafeln waren, nämlich weniger als 11, so wäre die Aufgabe nicht minder eine unbestimmte; denn alsdann würden eben so gut 2, 4, 6, 8 ... 48 Tafeln mit Franzosen und Engländern besetzt, der Aufgabe entsprechen, in welchen Fällen die Anzahl der Deutschen 269, 258, 247, 236 ... 16 gewesen sein würde, also durchweg mehr als 11. Jetzt hingegen ist die Aufgabe durchaus bestimmt. Es speisten 280 Personen an 51 Tafeln, 100 Franzosen an 25 Tafeln, 175 Engländer an 25 Tafeln und 5 Deutsche an einer Tafel.

34.

Von 4 Schuldenmassen A, B, C, D verhält sich A zu B wie 2 zu 3, B zu C wie 4 zu 5, C zu D wie 6 zu 7. Wenn nun die Summe von 21000 Thlr. nach diesen Verhältnissen getheilt werden soll, so fragt es sich, wie diese Theilung zu vollbringen ist?

Auflösung.

Setzt man den Theil für A gleich 1, so ist der für B gleich $\frac{3}{2}$, denn 2 zu 3 wie 1 zu $\frac{3}{2}$. Ferner ist der Theil für C gleich $\frac{15}{8}$, denn 4 zu 5 wie $\frac{3}{2}$ zu $\frac{15}{8}$. Endlich ist der Theil für D gleich $\frac{105}{48}$ gleich $\frac{25}{16}$, denn 6 zu 7 wie $\frac{15}{8}$ zu $\frac{105}{48}$. Addirt man die 4 Brüche zu einander, so erhält man $\frac{35}{16}$. Dividirt man nun 21000 durch $\frac{35}{16}$, so giebt der Quotient 3200 Thlr. für A, woraus für B $\frac{3}{2}$mal 3200 Thlr. gleich 4800 Thlr., für C $\frac{15}{8}$mal 3200 Thlr. gleich 6000 Thlr. und für D $\frac{35}{16}$mal 3200 Thlr. gleich 7000 Thlr. erfolgt.

35.

Wie groß ist das Kapital, das, nachdem es 5 Jahr zu 4 Procent ausgeliehen war, mit den Zinsen zusammen 8208 Thlr. beträgt?

Auflösung.

Nach Verlauf der 5 Jahre haben die Zinsen so viel mal 20 Thlr. betragen, als so oft 100 Thlr. im Kapital enthalten sind. Da nun 120 Thlr. $68\frac{48}{120}$mal in 8208 Thlr. enthalten sind, so ergiebt sich aus dem Produkt dieses Quotienten mit 100, die Zahl 6840 für das gesuchte Kapital und 1368 Thlr. für die Zinsen.

36.

Ein Regiment Soldaten soll ein Quadrat formiren, d. h. so aufgestellt werden, daß die Anzahl der Glieder der Mannschaft eines jeden Gliedes gleich ist. Bei der ersten Aufstellung bleiben 39 Mann übrig. Man vermehrt jedes Glied um 1 Mann, und da fehlen 50 Mann, um das Quadrat zu schließen. Wie groß war die Mannschaft überhaupt, so wie die eines jeden Gliedes in beiden Aufstellungen?

Auflösung.

Betrachtet man die hier im Quadrat zusammen gestellten Punkte, so ergiebt sich, daß wenn zu einem Gliede des Quadrats ein Mann hinzu kommt, so wird das eine Quadrat um soviel Mann vermehrt, als die 2fache Mannschaft eines Gliedes nebst 1 Mann beträgt. Zuerst stand ein Mann, kommt ein zweiter hinzu, so sind es mehr um 2mal 1 nebst 1 gleich 3. Hierzu wieder 1 Mann giebt mehr 2mal 2 nebst 1 gleich 5 Mann, hierzu abermals 1 Mann, sind mehr 2mal 3 nebst 1 gleich 7 Mann u. s. w. — Hier waren nun beim ersten Quadrat 39 Mann übrig. Nach der Vermehrung um 1 Mann reichten die 39 Mann nicht aus zur Formirung eines zweiten Quadrats, und fehlten hierzu noch 50 Mann, so kann man umgekehrt schließen: da zur Bildung des zweiten Quadrats 39 nebst 50 gleich 89 Mann gehörten, so findet man die um 1 Mann geringere Mannschaft eines Gliedes im ersten Quadrat gleich 89 weniger 1, dividirt durch 2 gleich 44 Mann, und ferner die gesammte Mannschaft gleich 44mal 44 nebst 39 gleich 1975 Mann.

37.

Welche Zahl ist es, deren Hälfte mit $\frac{1}{3}$ derselben multiplicirt zum Produkt 24 giebt?

Auflösung.

Die Hälfte einer Zahl mit ihrem $\frac{1}{3}$ multipliciren heißt soviel als das Quadrat dieser Zahl $\frac{1}{2}$mal $\frac{1}{3}$ gleich $\frac{1}{6}$mal nehmen. Wenn aber $\frac{1}{6}$ dieses Quadrats gleich 24 ist, so ist das Quadrat selbst gleich 6mal 24, gleich 144 und also die gesuchte Zahl gleich der Quadratwurzel aus 144 gleich 12.

38.

Welche Zahl von 2 Ziffern ist dem 8fachen ihrer Ziffersumme gleich, und zieht man 45 von ihr (der gesuchten Zahl) ab, so bleibt eine Differenz, die gleich ist einer Zahl, welche herauskommt, wenn die 2 Ziffern ihre Stellen verwechseln.

Auflösung.

Die Aufgabe läßt sich so reduciren. Von 2 Ziffern A und B sei A mit 10 multiplicirt. Addirt man nun die einfache Ziffer A zur einfachen B und multiplicirt die Summe mit 8, so erhält man eine Summe aus der 10fachen A nebst B. Subtrahirt man von dieser Summe 45, so ist die Differenz gleich der Summe aus der 10fachen B nebst einfachen A. Zuvörderst ergiebt sich, daß die Ziffer in der Stelle der Einer kleiner ist als die in der Stelle der Zehner, weil sonst beim Verwechseln der Stellen der Werth der gesuchten Zahl um 45 kleiner werden könnte. Für jeden Zehner, der mehr vorhanden ist, verliert die gesuchte Zahl durch die Verwechselung, 9 Einheiten, sie verliert 45, folglich müssen es 5 Zehner mehr als Einer sein. Die gesuchte Zahl enthält also

8mal die Differenz 5, gleich 40, und 16mal die kleinere Ziffer. Betrachtet man ferner die größere Ziffer die aus der Differenz und der kleinern Ziffer besteht, mit Rücksicht auf ihre Stellung in den Zehnern, so enthält sie nicht blos die Differenz 5, sondern 50, und auch nicht die einfache, sondern die 10fache kleinere Ziffer. Hiernach ist die gesuchte Zahl gleich 50 nebst 11mal die kleinere Ziffer. Diese Summe ist also auch gleich 40 nebst 16mal die kleinere Ziffer. Hieraus folgt, daß 5mal die kleinere Ziffer gleich 10, und mithin die kleinere Ziffer gleich 2. Folglich ist die gesuchte Zahl gleich 72, welche die Ziffersumme 9 8mal enthält, und wo bei Verwechselung der Stellen 27 erscheint, welche Zahl um 45 kleiner als 72 ist.

39.

Wie läßt sich die vorhergehende Aufgabe allgemeiner und einfacher behandeln?

Auflösung.

Jede 2zifferige Zahl ist von 2 Summanden zusammengesetzt, von welchen der eine die 9 oder ein Vielfaches von 9, und det andere die Ziffersumme ist, wie z. B. 72 gleich 7mal 9 und 7 nebst 2, 85 gleich 8mal 9 und 8 nebst 5. Da nun 9 oder das Vielfache von 9 stets durch 9 theilbar ist, so wird es auch die Zahl selbst sein, sobald auch die Ziffersumme durch 9 theilbar ist; dasselbe findet auch bei 3 statt, weil 3 in 9 aufgeht. Hiernach besitzt die 2zifferige Zahl die Eigenschaft, daß sie nur dann durch ihre Ziffersumme theilbar, oder ein Vielfaches ihrer Ziffersumme sein kann, wenn sie, die Zahl, durch 9 oder 3 theilbar ist. Mithin giebt es überhaupt nur 8 2zifferige Zahlen, die ein Vielfaches ihrer Ziffersumme sein können. Nämlich: 18, 27, 36, 45, 54, 63, 72, 81. Eine 9 darf nicht darunter sein, weil dann die andere Ziffer auch 9 sein müßte, welches wider die in der vorhergehenden Aufgabe vorausgesetzte Ungleichheit beider Ziffern wäre. — Wenn die Zahl aber nun durch 3 theilbar sein soll, so giebt es dafür nur die 6 Zahlen 48, 84, 24, 42, 21, 12. Denn 48 zerfällt in 4mal 9 und 8 nebst 4 u. s. w. Unter diesen 6 Zahlen sind 48, 24, 12 das 4fache; 84, 42, 21 das 7fache ihrer Ziffersumme. Ebenso ergiebt sich, daß unter den möglichen 8 Zahlen 81 das 9fache, 72 das 8fache, 63 das 7fache u. s. w. der Ziffersumme enthält. Da nun in der vorhergehenden Aufgabe bestimmt war, daß die Zahl das 8fache ihrer Ziffersumme enthalten soll, so konnte es keine andere Zahl als 72 sein, und bedurfte es hierzu der zweiten Bedingung ganz und gar nicht.

40.

Es wird eine 3zifferige Zahl gesucht die folgenden 3 Bedingungen entspricht: 1) Die einzelnen Ziffern, von den Einern an, wachsen um gleich viel. 2) Die Zahl durch die Ziffersumme dividirt giebt 48 zum Quotienten. 3) Wird 198 von der Zahl subtrahirt, so erscheint sie in einer umgekehrten Stellung ihrer Ziffern. Wie findet man diese Zahl?

Auflösung.

Durch die Umkehrung der gesuchten Zahl werden die Einer in die Stelle der Hunderter, und die Hunderter in die Stelle der Einer versetzt, die Zehner aber bleiben in ihrer Stelle unverändert. Für jeden Hunderter, welchen die Zahl mehr als Einer enthält, verliert die Zahl bei ihrer Umkehrung 99 Einheiten. Nach der Aufgabe verliert sie 198 gleich 2mal 99, es müssen also die Hunderter 2 Einheiten mehr als die Einer enthalten. Nun sollen die 3 Ziffern um gleichviel wachsen, es müssen also die Unterschiede derselben gleich 1 sein. Betrachtet man hiernach die unbekannten 3 Ziffern erstlich mit Rücksicht auf ihre Stellen, so findet man, daß die Zahl zusammengesetzt ist aus 100 nebst 10 nebst 1, gleich 111mal die kleinste Ziffer und der Differenz der Hunderter und Zehner gegen die Einer, oder gegen die kleinste Ziffer, welche Differenz gleich ist 200 nebst 10 gleich 210; zweitens: abgesehen von den Stellen, so besteht die Ziffersumme aus 3mal die kleinste Ziffer, nebst der Differenz 2 nebst 1 gleich 3, und da nach der Aufgabe die Zahl 48mal die Ziffersumme enthält, so ist diese Zahl gleich 144mal die kleinste Ziffer nebst 144. Beide Ausdrücke, 111mal die kleinste Ziffer nebst 210 und 144mal die kleinste Ziffer nebst 144 entsprechen der gesuchten Zahl, und sind also einander gleich, es muß demnach 33mal die kleinste Zahl gleich 66 und die Ziffer selbst gleich 2 sein. Folglich ist die gesuchte Zahl gleich 432.

41.

Wie läßt sich die vorhergehende Aufgabe allgemeiner und einfacher auflösen?

Auflösung.

Soll die Zahl ein Vielfaches ihrer Ziffersumme sein, so muß nach obigem die Ziffersumme durch 9 theilbar sein. Nun giebt es überhaupt keine anderen 3 verschiedenen Ziffern, die um gleichviel wachsen und gleich 9 sind, als 1, 3, 5 und 2, 3, 4, also sind nur deren Zahlen 135 und 234 möglich, welche ein Vielfaches der Ziffersumme sein können, und zwar ist 135 ein 15faches und 234 ein 48faches derselben. Es konnte demnach auch in der vorhergehenden Aufgabe keine andere Zahl als 234 zum Vorschein kommen und bedurfte es hierzu der dritten Bedingung vom Umkehren der Zahlen durchaus nicht.

42.

Welche 2 Zahlen sind es, deren Summe 2mal und deren Produkt 12mal ihrer Differenz gleich ist?

Auflösung.

Die Summe zweier Zahlen besteht aus 2mal der kleinern Zahl nebst der Differenz. Hier muß also die Differenz gleich $\frac{1}{2}$ der kleinern Zahl und mithin $\frac{1}{3}$ der größern sein, weil die größere aus der kleinern und der Differenz besteht. Man erhält zum Produkt beider Zahlen $\frac{1}{3}$ der größern, und dies soll gleich sein 12mal der Differenz, d. h. 12mal $\frac{2}{3}$ der größern oder 8mal die größere. Wenn aber die größere Zahl mit der kleinern multiplicirt 8mal die größere giebt, so muß die kleinere

Zahl gleich 8 und daher die größere gleich 3mal 8 gleich 24 sein.

43.

Addirt man 1 zum Zähler eines Bruchs, so ist er gleich $\frac{1}{3}$. Addirt man aber 1 zum Nenner, so ist er gleich $\frac{1}{4}$. Welcher Bruch ist es?

Auflösung.

Wenn von 2 Zahlen behauptet wird, daß nachdem die kleinere um 1 vermehrt wird, die größere 3mal so groß als die kleinere ist, so muß vor dieser Vermehrung um 1 die größere nicht nur 3mal so groß sein, sondern auch noch 3 mehr enthalten. Sind die Zahlen z. B. 9 und 2, so ist 9 nicht nur gleich 3mal 2, sondern ist noch um 3 größer, und erst wenn 2 um 1 vermehrt wird, ist 9 gleich 3mal 3. — Hier muß also ebenfalls, bevor 1 zum Zähler addirt wird, der Nenner 3mal so groß sein nebst 3 enthalten. Addirt man nun 1 zum Nenner, so ist dieser 3mal so groß nebst 4, und dann soll er gerade 4mal so groß sein, also ist der Zähler gleich 4, und daraus erfolgt der Nenner gleich 15. Der gesuchte Bruch ist demnach $\frac{4}{15}$.

44.

Welcher Bruch ist es, der wenn man 1 vom Zähler subtrahirt gleich $\frac{1}{4}$ und wenn man 1 vom Nenner subtrahirt $\frac{1}{3}$ ist?

Auflösung.

Wird 1 vom Zähler subtrahirt, ist der Nenner gerade 4mal so groß, also muß vorher der Zähler 4mal weniger 4 enthalten haben. Verkleinert man den Nenner um 1, so wird der Zähler um 1 größer und ist dann im Nenner 4mal weniger 5 enthalten. Nun ist er aber im Nenner nach der Aufgabe gerade 3mal enthalten, folglich muß der Zähler 5 und der Nenner 16, oder der Bruch $\frac{5}{16}$ sein.

45.

Es werden 2 Zahlen gesucht, von welchen bekannt ist, daß die Summe aus der ersten und aus der Hälfte der zweiten Zahl gleich 20 ist, und die Summe aus der zweiten und $\frac{1}{3}$ der ersten Zahl ist ebenfalls gleich 20, welche Zahlen sind es?

Auflösung.

Da die Summe aus der ersten und der Hälfte der zweiten Zahl gleich ist der Summe aus den beiden Hälften der zweiten und $\frac{1}{3}$ der ersten Zahl, so muß die Hälfte der zweiten Zahl nebst $\frac{1}{3}$ der ersten gleich der ersten Zahl sein, oder $\frac{1}{2}$ der zweiten gleich $\frac{2}{3}$ der ersten, und also die zweite gleich $\frac{4}{3}$ der ersten Zahl. Da nun nach dem zweiten Theil der Aufgabe $\frac{5}{3}$ der ersten Zahl gleich 20 ist, so muß $\frac{1}{3}$ derselben gleich 4 und also die erste Zahl gleich 12 und die zweite gleich 16 sein.

46.

Zwei Personen A und B besitzen jede eine gewisse Anzahl Aepfel. Nun giebt A dem B soviel Aepfel als er bereits hat. Darauf giebt B dem A soviel Stück als dem A übrig geblieben. Dieses Hin- und Zurückgeben wird von beiden 4mal wiederholt; zuletzt hat Jeder 16 Aepfel. Wieviel besaß A sowohl als B anfänglich?

Auflösung.

Zum 4ten Mal gab B dem A soviel als A hatte. Dadurch besaß A 16 Stück, er mußte also 8 Stück und daher B 24 Stück gehabt haben. Zum 3ten Mal gab A dem B soviel als B hatte, und B besaß dann 24 Stück, B mußte also 12 Stück und daher A 20 Stück besessen haben. Zum 2ten Mal gab B dem A soviel Stück als dem A übrig geblieben, und dadurch hatte B 20 Stück, A mußte also 10 Stück und demnach B 22 Stück gehabt haben. Zum 1sten Mal gab A dem B soviel Stück als B hatte, und B war im Besitz von 22 Stück, B mußte also anfänglich 11 Aepfel und folglich A 21 Aepfel haben.

47.

Ein Gewerksmann soll täglich von einer Bauarbeit 8 Ruthen anfertigen. Nachdem er bereits 3 Tage beschäftigt war, wird noch ein zweiter Mann angestellt, der in 21 Tagen eben soviel als der Erste überhaupt anfertigt. Wieviel Ruthen hatte der zweite täglich fertig bekommen?

Auflösung.

Der zweite Mann hatte zuvörderst täglich ebenfalls 8 angefertigt. Nun aber hatte der erste bereits 3mal 8 gleich 24 Ruthen fertig. Hatte also der zweite diese 24 Ruthen in 21 Tagen eingebracht, so mußte er täglich $\frac{24}{21}$

gleich $1\frac{1}{4}$ Ruthen mehr als 8 Ruthen, und also überhaupt $9\frac{1}{4}$ Ruthen machen.

48.

Wenn 4 Personen A, B, C, D eine Summe von 1310 Thlr. in der Art ausgezahlt erhalten sollen, daß B $\frac{1}{3}$ mehr als A, C $\frac{1}{4}$ des A mehr als B und D 7mal soviel als A erhalten, wieviel bekommt ein Jeder?

Auflösung.

Theilt man alles in $\frac{1}{12}$, so erhalten die 4 Personen $\frac{12}{12}$ nebst $\frac{16}{12}$ nebst $\frac{19}{12}$ nebst $\frac{84}{12}$, also zusammen $\frac{131}{12}$ von 1310 Thlr. Dividirt man also 1310 durch 131, so erhält man für A 120 Thlr., für B 160 Thlr., für C 190 Thlr. und für D 840 Thlr.

49.

Von 6 Brüdern ist jeder um 4 Jahr älter als sein nächst jüngerer Bruder. Der älteste ist 3mal so alt als der jüngste. Wie alt ist jeder?

Auflösung.

Der älteste ist so alt wie der jüngste nebst 5mal 4 Jahr gleich 20 Jahr; zugleich ist er aber 3mal so alt wie dieser, also muß 2mal das Alter des jüngsten gleich 20 Jahr und der jüngste also 10 Jahr alt sein u. s. w.

50.

In einem Gefechte sind 3mal soviel am Leben geblieben als getödtet wurden. Multiplicirt man die Zahl der Letzteren mit $\frac{1}{6}$ der Ersteren, so erhält man die gesammte Mannschaft vor dem Gefechte. Wie groß war diese Mannschaft und wieviel Mann sind getödtet?

Auflösung.

Es ist $\frac{1}{4}$ der Mannschaft getödtet, und also sind $\frac{3}{4}$ übrig geblieben. Von diesen $\frac{3}{4}$ nun giebt $\frac{1}{6}$, d. i. $\frac{1}{8}$ multiplicirt mit $\frac{1}{4}$, die ganze Mannschaft, es muß also $\frac{1}{4}$ derselben gleich 8 und daher die Mannschaft vor dem Gefechte 32 Mann betragen haben.

51.

Ich war 30 Jahr alt als mein erster Sohn und 34 Jahr als mein zweiter Sohn geboren ward. Jetzt beträgt mein und meiner beiden Söhne Alter zusammen 146 Jahr. Wie alt ist jeder?

Auflösung.

Der Vater und der erste Sohn sind zusammen 30 Jahr nebst 8 Jahr gleich 38 Jahr älter als der zweite Sohn. Subtrahirt man daher 38 von 146 und dividirt den Rest 108 durch 3, so giebt der Quotient 36 für das Alter des jüngsten, woraus sich 40 Jahr für das des ältesten Sohns und 70 Jahr für das des Vaters ergiebt.

52.

Es theilen sich 4 Personen A, B, C, D in ein Vermögen in der Art, daß A 3000 Thlr. weniger als $\frac{1}{2}$ des Vermögens, B 1000 Thlr. weniger als $\frac{1}{3}$, C gerade $\frac{1}{4}$ und D $\frac{1}{5}$ desselben nebst 600 Thlr. erhält. Wie groß ist der Antheil eines jeden?

Auflösung.

Die Brüche $\frac{1}{2}$, $\frac{1}{3}$, $\frac{1}{4}$, $\frac{1}{5}$ unter einerlei Benennung gebracht, machen zusammen $\frac{77}{60}$ des Vermögens, also $\frac{17}{60}$

mehr als dasselbe; dafür haben aber A und B zusammen 4000 Thlr. weniger und D hat 600 Thlr. mehr erhalten. Dieses macht 3400 Thlr. weniger als $\frac{77}{80}$. Folglich ist $\frac{17}{60}$ gleich 3400 Thlr. und also $\frac{1}{80}$ gleich 200 Thlr. Das gesuchte Vermögen demnach 12000 Thlr. Hiervon hat der Aufgabe gemäß A 3000 Thlr. und ebenso B, C und D jeder 3000 Thlr. bekommen.

53.

Von einem Kommando sind $\frac{1}{2}$ gefangen, $\frac{1}{4}$ getödtet, $\frac{1}{7}$ verwundet, so daß nur 3 Mann verschont geblieben. Aus wieviel Mann hat es bestanden?

Auflösung.

Da, nachdem $\frac{3}{4}$ des Kommandos gefangen und getödtet worden noch $\frac{1}{7}$ des Kommandos nebst 3 Mann übrig geblieben, so ist dieser Rest gleich $\frac{1}{4}$ des Kommandos, also $\frac{4}{7}$ nebst 12 gleich dem ganzen Kommando, und daher $\frac{3}{7}$ gleich 12, oder $\frac{1}{7}$ gleich 4 Mann. Mithin muß das Kommando aus 28 Mann bestanden haben.

54.

Zwei Personen A und B haben 1800 Thlr. zusammen geschossen und damit gleichviel gewonnen. Der Gewinn des A beträgt das 3fache und der des B das 5fache seiner Einlage. Wieviel hat jeder eingelegt?

Auflösung.

Da das Verhältniß der Gewinne in Beziehung zu den Einlagen wie 3 zu 5 ist, so müssen, wenn die Gewinne überhaupt gleich sein sollen, die Einlagen sich umgekehrt, nämlich wie 5 zu 3 verhalten, d. h. A muß 5 und B 3 eingelegt haben. Dividirt man daher 1800 Thlr. durch 8 und multiplicirt den Quotienten 225 mit 5 und 3, so erhält man 1125 Thlr. für die Einlage des A und für die des B 675 Thlr.

55.

Es spielt Jemand eine Uhr aus. Nimmt er für das Loos 5 Thlr., so verliert er gegen den Einkaufspreis 42 Thlr. Nimmt er dagegen 6 Thlr. für das Loos, so gewinnt er 58 Thlr. Was hat die Uhr gekostet und wieviel Loose müssen abgesetzt werden?

Auflösung.

Dadurch daß das Loos um 1 Thlr. theurer verkauft wird, fällt nicht nur der Verlust von 42 Thlr. weg, sondern es entsteht noch ein Gewinn von 58 Thlr. Er nimmt also überhaupt 100 Thlr. mehr ein. Es müssen demnach 100 Loose abgesetzt sein, und dies beträgt, das Loos zu 6 Thlr., 600 Thlr. Dabei hat er 58 Thlr. gewonnen, folglich muß die Uhr 542 Thlr. gekostet haben.

56.

Man will von zwei Weinsorten, zu 24 Thlr. und 42 Thlr. den Eimer, 15 Eimer mittlern Wein zu 30 Thlr. den Eimer mischen; wieviel muß von jeder der beiden Sorten genommen werden?

Auflösung.

Der Preis des bessern Weins ist um $\frac{3}{4}$ Thlr. höher als der des schlechtern, d. h. wenn ein gewisser Theil des schlechtern 1 Thlr. kostet, so kostet ein solcher Theil des bessern 14 Thlr.; so oft also ein solcher Theil vom schlechtern hinweg genommen, und durch den bessern ersetzt wird, eben so oft kostet die Mischung $\frac{3}{4}$ Thlr. mehr. Nun soll die Mittelsorte 6 Thlr. oder 8mal $\frac{3}{4}$ Thlr. mehr kosten, es müssen also 8 Theile des schlechtern Weins durch 8 Theile des bessern ersetzt werden. Man braucht also nur für 8 Thlr. des schlechtern, d. i. $\frac{1}{3}$ Eimer hinweg zu nehmen und dafür $\frac{1}{3}$ Eimer des bessern hinzu zu thun. Die 15 Eimer gemischten Weins müssen also aus 10 Eimern schlechtem und 5 Eimern besserm bestehen.

57.

In einer Stadt, wo die Häuser ihrer Größe nach in 4 Klassen A, B, C und D eingetheilt sind, befinden sich 200 Häuser von der Klasse A, 400 von B, 500 von C und 600 von D. In diesen Häusern sollen 3000 Mann in der Art einquartirt werden, daß in einem von B $\frac{1}{2}$mal soviel wie in einem von A, in C $\frac{1}{2}$ soviel wie in B und in D $\frac{1}{2}$ soviel wie in C placirt werden. Wie stark war die Einquartirung in jedem dieser Häuser?

Auflösung.

Angenommen daß in einem Hause von A ein Mann einquartirt sei, so kommt auf B $\frac{1}{2}$ Mann, auf C $\frac{1}{4}$ Mann und auf D $\frac{1}{8}$ Mann. Die gesammte Einquartirung würde hiernach betragen, 1mal 200, nebst $\frac{1}{2}$mal 400, nebst $\frac{1}{4}$mal 500, nebst $\frac{1}{8}$mal 600, gleich 600 Mann. Dividirt man also 600 in 3000, so erhält man für ein Haus in A 5mal 200 gleich 1000 Mann, für B $2\frac{1}{2}$mal 400 gleich

1000 Mann, für C $1\frac{1}{4}$mal 500 gleich 625 Mann und für D $\frac{5}{8}$mal 600 gleich 375 Mann.

58.

Lassen sich mit 15 Geldstücken, die aus 2 Gr. und 8 Gr. bestehn, $3\frac{1}{2}$ Thlr. auszahlen, und wieviel Stücke müssen von jeder Münzsorte genommen werden?

Auflösung.

Funfzehn 2 Gr.-Stücke sind um 54 Gr. zu wenig. Da nun 8 Gr. um 6 Gr. mehr als 2 Gr. sind, so braucht man nur 6 in 54 zu dividiren, wo dann der Quotient 9 anzeigt, daß 9 8 Gr.-Stücke und folglich 6 2 Gr.-Stücke genommen werden müssen.

59.

Mit einem gewissen Kapital wird im ersten Jahre das 2fache desselben gewonnen, weniger 100 Thlr. Mit diesem angewachsenen Kapital wird im 2ten Jahre das 2fache desselben gewonnen, weniger 100 Thlr., und eben so auch im 3ten Jahre. Jetzt findet sich daß der ganze Gewinn 3mal so groß als das Anlage-Kapital ist. Wie groß ist dasselbe?

Auflösung.

Im ersten Jahre hat sich das Kapital verdoppelt, weniger 100 Thlr. Das 2fache hiervon ist das 4fache Kapital, weniger 200 Thlr., und noch 100 Thlr. weniger, ist 300 Thlr. weniger. Ebenso ist das 2fache hiervon das 8fache Kapital, weniger 600 Thlr., und noch 100 Thlr. weniger ist 700 Thlr. weniger. Es hat sich also das Kapital auf das 14fache weniger 1100 Thlr.

erhöhet, und dieses soll dem 3fachen Kapital gleich sein, folglich muß das 11fache Kapital gleich 1100 Thlr. und also das Anlage-Kapital selbst gleich 100 Thlr. sein.

60.

Wie groß ist das Kapital, das zu 6 Procent ausgeliehen ist und dessen Zinsen in 12 Jahren diesem Kapitale bis 840 Thlr. gleich kommt?

Auflösung.

Bei 6 Procent sind erst in $16\frac{2}{3}$ Jahren die Zinsen dem Kapital gleich. Hier fehlen also noch $4\frac{2}{3}$ Jahre und 840 Thlr. Zinsen. Das gesuchte Kapital muß daher in $4\frac{2}{3}$ Jahren 840 Thlr. Zinsen und also in 1 Jahr 180 Thlr. Zinsen tragen. Multiplicirt man demnach 180 mit $16\frac{2}{3}$, so erhält man die Zinsen von 3000 Thlr., welche gleich sind dem gesuchten Kapital.

61.

Einem Künstler wird eine Arbeit übertragen und ihm versprochen täglich $1\frac{1}{4}$ Thlr. zu zahlen und auch noch die Kost zu verabreichen. Für den Tag wo er nicht arbeitet, soll er dem Besteller $\frac{1}{2}$ Thlr. für die Kost zahlen. Nach beendigter Arbeit, in 30 Tagen, erhält der Künstler 6 Thlr. Wieviel Tage hat er nicht gearbeitet.

Auflösung.

Der Lohn für 30 Arbeitstage beträgt $37\frac{1}{2}$ Thlr. Für jeden Tag wo er nicht gearbeitet erhält er $1\frac{3}{4}$ Thlr. weniger. Nun erhält er überhaupt $31\frac{1}{2}$ Thlr. weniger, und dieses ist gleich 18mal $1\frac{3}{4}$ Thlr. Folglich hat er 18 Tage nicht gearbeitet.

62.

Zwei Personen A und B verlieren im Spiele eine gewisse Summe. Vor dem Spiele hatte A 100 Thlr. und B 48 Thlr. Der Verlust des A ist das 2fache von dem des B und behält A von seinen 100 Thlrn. 3mal soviel übrig als B von seinen 48 Thlrn. Wieviel hat jeder verloren?

Auflösung.

Da A 2mal soviel als B verloren, so ist überhaupt 3mal der Verlust des B verloren worden. Subtrahirt man diesen 3fachen Verlust von 3mal 48 Thlrn. gleich 144 Thlr., so ergiebt sich das 3fache Geld, was ihm noch übrig geblieben. Nun hat A den 2fachen Verlust des B erlitten und es ist ihm 3mal soviel als dem B übrig geblieben, mithin ist in 144 Thlrn. der 3fache Verlust des B nebst dem 3fachen Rest, und in 100 Thlrn. der 2fache Verlust des B nebst demselben 3fachen Rest enthalten; es muß folglich der Verlust des B 44 Thlr. betragen und sind ihm 4 Thlr. übrig geblieben, A hat 88 Thlr. verloren und sind ihm 12 Thlr. gleich 3mal 4 übrig geblieben.

63.

Ein Tagelöhner besitzt 6 Gr. und empfängt dazu einen 5 wöchentlichen Lohn. Von diesem Gelde giebt er soviel aus, daß ihm nur noch $\frac{1}{4}$ desselben übrig bleibt. Jetzt erhält er einen 2wöchentlichen Lohn und besitzt nunmehr überhaupt 21 Gr. Wieviel beträgt sein wöchentlicher Lohn?

Auflösung.

Von den 6 Gr. und dem 5wöchentlichen Lohn hat er soviel ausgegeben, daß ihm nur $\frac{1}{4}$ dieses Lohns und $1\frac{1}{2}$ Gr. übrig geblieben. Jetzt bekommt er abermal einen 2wöchentlichen Lohn. Er ist also im Besitz eines $\frac{1}{4}$ des 5wöchentlichen Lohns, oder eines $\frac{5}{4}$wöchentlichen Lohns nebst einem 2wöchentlichen Lohn, gleich $\frac{13}{4}$wöchentlichen Lohns nebst $1\frac{1}{2}$ Gr. Nun besitzt er gegenwärtig 21 Gr., man braucht daher nur $1\frac{1}{2}$ Gr. von 21 Gr. zu subtrahiren und den Rest $19\frac{1}{2}$ Gr. durch $\frac{13}{4}$ zu dividiren, so erhält man 6 Gr. für den wöchentlichen Lohn.

64.

Die Besatzung einer Festung bedarf täglich 14 Malter Mehl, und sind 180 Malter vorräthig. Nach 4 Tagen ward noch einmal soviel Mannschaft hinein gelegt, und davon eine gewisse Quantität Malter mehr verbraucht, so daß in den folgenden 4 Tagen der ganze Vorrath von 180 Malter verzehrt wurde. Wieviel beträgt die täglich mehr verabreichte Quantität Malter?

Auflösung.

Nach den ersten 4 Tagen waren 4mal 14 gleich 56 Malter und nach den folgenden 4 Tagen 2mal 56 gleich 112 Malter verbraucht und es waren noch 12 Malter übrig. Da nun aber um diese Zeit Alles aufgezehrt war, so müssen der doppelten Mannschaft täglich 3 Malter und also der einfachen Mannschaft $1\frac{1}{2}$ überhaupt $15\frac{1}{2}$ Malter täglich verabreicht werden.

65.

Zu einer Mischung von 8 Pfd. Salpeter und 1 Pfd. Schwefel soll soviel Salpeter hinzugefügt werden, daß auf 9 Pfd. Salpeter $\frac{1}{4}$ Pfd. Schwefel kommen. Wieviel Salpeter muß hinzugethan werden?

Auflösung.

In der neuen Mischung soll auf $\frac{1}{4}$ Pfd. Schwefel 9 Pfd. Salpeter oder auf 1 Pfd. Schwefel 36 Pfd. Salpeter, es müssen also zu den 8 Pfd. noch 28 Pfd. Salpeter hinzugethan werden.

66.

Von 2 Haufen Metall A und B enthält A auf jeden Centner 80 und B 4 Loth Silber. Man soll daraus eine Mischung bereiten in der 16 Loth Silber auf 1 Centner kommen. Wie ist dieses zu bewerkstelligen?

Auflösung.

Der Centner von A ist um 76 Loth reichhaltiger an Silber, also enthält $\frac{1}{76}$ Cntr. von A 1 Loth Silber mehr als $\frac{1}{76}$ Cntr. von B. Da nun 1 Cntr. von B bereits 4 Loth Silber enthält, die Mischung aber 16 Loth auf den Cntr. enthalten soll, so müssen von B 12 Loth weggenommen und durch 12 Loth reines Silber ersetzt werden. Dies erfolgt, wenn $\frac{12}{76}$ Cntr. von A statt $\frac{12}{76}$ Cntr. von B dem Cntr. von B beigemischt wird.

67.

Wenn das Postporto für Geldsendungen 4 Procent beträgt, und man will eine gewisse Summe nebst dem

Porto übersenden; wieviel Porto hat man beizulegen, damit der Empfänger dafür keine Auslage habe?

Auflösung.

Man würde irrig handeln, wenn man $\frac{1}{80}$ des zu übersendenden Geldes beilegte, indem die Post nur $\frac{1}{81}$ statt $\frac{1}{80}$ Porto erhalten würde. Man muß vielmehr $\frac{1}{79}$ beilegen, welches $\frac{1}{80}$ der ganzen Uebersendung beträgt. Nachdem also der Empfänger dieses $\frac{1}{80}$ für das Porto entrichtet bleiben ihm noch $\frac{79}{80}$ übrig, welches die unverkürzte Summe ist, die er zu empfangen hat.

68.

Welche Zahl ist es, die wenn man sie zu 20 addirt, eine Summe giebt, welche so groß ist als der Rest, der übrig bleibt wenn man die Zahl von 100 subtrahirt?

Auflösung.

Wenn die gesuchte Zahl von 100 subtrahirt wird, soll diese Zahl nebst 20 übrig bleiben. Es muß also 100 gleich sein 2mal die gesuchte Zahl nebst 20, und also die gesuchte Zahl gleich 40 sein.

69.

Es wird eine Zahl von der Eigenschaft gesucht, daß wenn man 8 zu ihr addirt, die Summe durch 8 dividirt und von dem Quotienten 8 subtrahirt, 8 übrig bleibt. Welche Zahl ist es?

Auflösung.

Nachdem 8 vom Quotienten subtrahirt wird, bleibt 8, der Quotient ist also gleich 16. Multiplicirt man 16 mit 8, so erhält man 128, und dies ist gleich der

Summe aus der gesuchten Zahl nebst 8. Subtrahirt man daher 8 von 128, so erhält man 120 für die gesuchte Zahl.

70.

Welche Zahl ist es, die zu 64 addirt soviel giebt als mit 9 multiplicirt?

Auflösung.

Es ist gleichviel, ob man zu einer Zahl ihr 8faches addirt oder ob man sie mit 9 multiplicirt. Da es nun hier gleich ist, ob man die gesuchte Zahl mit 9 multiplicirt, oder ob man 64 zu ihr addirt, so muß 64 das 8fache der gesuchten Zahl, und also 8 diese Zahl selbst sein.

71.

Von 2 Sorten Kugeln A und B wiegen 6 Stück von A mit 10 Stück von B zusammen 304 Pfd., und 10 Stück von A mit 15 Stück von B 480 Pfd. Wieviel wiegt eine einzelne Kugel von A und B?

Auflösung.

Erstlich wiegt eine Kugel von A mit $1\frac{2}{3}$ Kugeln von B zusammen $\frac{1}{6}$ von 304 Pfd., gleich $50\frac{2}{3}$ Pfd. Zweitens wiegen eine Kugel von A mit $1\frac{1}{2}$ Kugeln von B zusammen 48 Pfd. Der Unterschied zwischen $1\frac{2}{3}$ und $1\frac{1}{2}$ ist $\frac{1}{6}$ Kugel. Der Unterschied zwischen $50\frac{2}{3}$ Pfd. und 48 Pfd. ist $2\frac{2}{3}$ Pfd. Wenn also $\frac{1}{6}$ Kugel von B $2\frac{2}{3}$ Pfd. wiegt, so muß eine ganze Kugel von B 16 Pfd. und von A 24 Pfd. wiegen.

72.

Von 2 Zahlen A und B ist die Summe A nebst 11 doppelt so groß wie B, und B nebst 8 doppelt so groß wie A. Welche Zahlen sind es?

Auflösung.

Da A nebst 11 gleich 2B, so ist B gleich $\frac{1}{2}$A nebst 5$\frac{1}{2}$. Addirt man hierzu 8, so erhält man $\frac{1}{2}$A nebst 13$\frac{1}{2}$, und diese Summe ist gleich 2A, gleich 4mal $\frac{1}{2}$A, folglich 13$\frac{1}{2}$ gleich 3mal $\frac{1}{2}$A, oder $\frac{1}{2}$A gleich 4$\frac{1}{2}$ und also A gleich 9 u. s. w.

73.

Drei Arbeiter A, B, C verrichten zusammen ein Werk in 120 Tagen, A erhält täglich 20 Gr., B 24 Gr. und C 30 Gr. Es findet sich, daß sie Alle gleichviel Geld erhalten haben. — Wieviel Tage hat Jeder gearbeitet?

Auflösung.

Da sie Alle gleichviel Geld erhalten haben, so müssen sich ihre Arbeitstage umgekehrt wie ihr Tagelohn verhalten. Der Lohn von A verhält sich zu dem von B wie 5 zu 6; wenn also A 6 Arbeitstage hat, so hat B deren 5. Der Lohn von B verhält sich zu dem von C wie 4 zu 5; auf 5 Arbeitstage von B kommen demnach nur 4 von C. Sie haben hiernach zusammen 15 Tage gearbeitet. Da nun überhaupt 120 Tage gearbeitet worden, so braucht man 120 durch 15 zu dividiren, wo dann der Quotient 8 anzeigt, daß A 48 Tage, B 40 Tage und C 32 Tage gearbeitet hat. Bei diesen Arbeitstagen, die zusammen 120 betragen, ergiebt sich, daß 48mal 20 gleich 40mal 24, gleich 32mal 30, gleich 960 Gr.

74.

Es werden 2 Zahlen gesucht, deren Summe gleich 8 und wenn man deren Quadrate von einander subtrahirt 48 übrig bleiben. Welche Zahlen sind es?

Auflösung.

Die größere Zahl besteht aus der kleinern nebst der Differenz zwischen beiden gesuchten Zahlen. Das Quadrat ist daher zusammengesetzt aus dem Quadrat der kleinern nebst dem 2fachen Produkt der kleinern mit der Differenz nebst dem Quadrat der Differenz. Der Unterschied der Quadrate von der größern und kleinern Zahl besteht demnach aus dem 2fachen Produkt der kleinern mit der Differenz nebst dem Quadrat der Differenz oder aus (2mal der kleinern nebst der Differenz) mal der Differenz. Nun ist die in den Klammern eingeschlossene Summe gleich der gegebenen Summe 8, und ist auch dieser so ausgedrückte Unterschied beider Quadrate gleich 48, man braucht daher nur den einen Faktor (2mal die kleinere nebst der Differenz) oder 8 in 48 zu dividiren, um den andern Faktor, die Differenz, zu erhalten, welches also 6 giebt. Aus der Summe 8 und der Differenz 6 erhält man die gesuchten Zahlen 7 und 1.

75.

Wie findet man aus der Summe 21 zweier Zahlen und ihrem Quotienten 6, die Zahlen selbst?

Auflösung.

Der Quotient 6 zeigt an, daß die größere Zahl gleich 6mal die kleinere ist, also enthält 21 7mal die kleinere. Mithin ist die kleinere gleich 3 und die größere gleich 18.

76.

Welche 2 Zahlen sind es, die wenn man $\frac{1}{3}$ der größern zu $\frac{1}{2}$ der kleinern addirt 8 heraus kommt, und wenn man von $\frac{1}{5}$ der größern $\frac{1}{3}$ der kleinern subtrahirt, 1 übrig bleibt?

Auflösung.

Nach dem ersten Theil der Aufgabe ergiebt sich, weil die größere Zahl aus der kleinern und der Differenz besteht, daß $\frac{1}{3}$ der kleinern nebst $\frac{1}{3}$ der Differenz nebst $\frac{1}{2}$ der kleinern gleich 8 ist. Nach dem 2ten Theil ist $\frac{1}{3}$ der kleinern nebst 1 gleich $\frac{1}{5}$ der kleinern nebst $\frac{1}{5}$ der Differenz oder (unter dem gleichen Nenner 15) $\frac{5}{15}$ der kleinern nebst 1, gleich $\frac{3}{15}$ der kleinern nebst $\frac{3}{15}$ der Differenz, d. i. $\frac{2}{15}$ der kleinern nebst 1 gleich $\frac{3}{15}$ der Differenz. Den ganzen Ausdruck mit 5 multiplicirt giebt $\frac{10}{15}$ der kleinern nebst 5 gleich der Differenz, oder (durchweg mit $\frac{1}{3}$ multiplicirt) $\frac{2}{9}$ der kleinern nebst $\frac{5}{3}$ gleich $\frac{1}{3}$ der Differenz. Nach dem ersten Theil der Aufgabe ist also ($\frac{1}{2}$ nebst $\frac{1}{3}$ nebst $\frac{2}{9}$), zusammen $\frac{19}{18}$ der kleinern nebst $\frac{5}{3}$ gleich 8, oder $\frac{19}{18}$ der kleinern gleich $\frac{19}{3}$ gleich $\frac{114}{18}$, d. i. 19mal die kleinere gleich 114; folglich ist die kleinere 6 und die größere gleich 15.

77.

Wenn 10 Aepfel 2 Gr. und 25 Birnen 4 Gr. kosten, und man will überhaupt 100 Stück für 19 Gr. kaufen: wieviel von jeder Frucht muß man nehmen?

Auflösung.

Ein Apfel kostet $\frac{1}{5}$ Gr. und 1 Birne $\frac{4}{25}$ Gr., d. h. 1 Apfel kostet $\frac{1}{25}$ mehr als 1 Birne, oder 25 Aepfel kosten 1 Gr. mehr als 25 Birnen. 100 Birnen kosten 16 Gr., also 3 Gr. weniger als 19 Gr., es müssen demnach 3mal 25 gleich 75 Aepfel und 25 Birnen gekauft werden. 75 Aepfel kosten 15 Gr. und 25 Birnen 4 Gr., also zusammen 19 Gr.

78.

Aus 2 Röhren A und B wird ein 21eimeriges Faß mit Wasser gefüllt, während A 2 und B 3 Stunden geflossen. Ein anderes mal füllen dieselben Röhren ein 51eimeriges Faß, während A 7 und B 6 Stunden geflossen. Wieviel Stunden werden sie zusammen fließen müssen, um 1 Faß von 100 Eimer zu füllen?

Auflösung.

Aus der ersten Füllung ergiebt sich, daß wenn A 1 Stunde und B $1\frac{1}{2}$ Stunden geschüttet, $10\frac{1}{2}$ Eimer gefüllt werden. Aus der zweiten Füllung erhellt, daß wenn A 1 Stunde und B $\frac{6}{7}$ Stunden geschüttet, $7\frac{2}{7}$ Eimer gefüllt werden. Nun sind $\frac{6}{7}$ Stunden um $\frac{9}{14}$ Stunden weniger als $1\frac{1}{2}$ Stunden, und $7\frac{2}{7}$ Eimer um $\frac{45}{14}$ Eimer weniger als $10\frac{1}{2}$ Eimer, folglich füllen beide Röhren zusammen in $\frac{9}{14}$ Stunden $\frac{45}{14}$ Eimer, oder in 9 Stunden

45 Eimer, d. i. in 1 Stunde 5 Eimer und mithin in 20 Stunden 100 Eimer.

79.

Es verlieren 37 Pfd. Zinn im Wasser 5 Pfd., und 23 Pfd. Blei 2 Pfd. Wenn nun eine Mischung von beiden Metallen 120 Pfd. schwer im Wasser 14 Pfd. verliert: wieviel ist darin von Zinn und Blei enthalten?

Auflösung.

Ein Pfund Zinn verliert im Wasser $\frac{5}{37}$ Pfd. und 1 Pfd. Blei $\frac{2}{23}$ Pfd., beide Brüche unter einerlei Benennung gebracht, giebt $\frac{115}{851}$ und $\frac{74}{851}$ Pfd. Hiernach verlieren 120 Pfd. Blei 120mal $\frac{74}{851}$ gleich $10\frac{370}{851}$ Pfd. Subtrahirt man dieses Gewicht von den 14 Pfd., welche die Mischung nach der Aufgabe im Wasser verliert, so bleibt $3\frac{481}{851}$ Pfd. Subtrahirt man ferner $\frac{74}{851}$ Pfd. Blei von $\frac{115}{851}$ Pfd. Zinn, so bleibt $\frac{41}{851}$ Pfd., welches Gewicht Zinn mehr als Blei verliert. Man braucht daher nur $3\frac{481}{851}$ durch $\frac{41}{851}$ zu dividiren, wo der Quotient 74 die Anzahl Pfunde des Zinns angiebt, die in der Mischung von 120 Pfd. enthalten ist, woraus sich der Gehalt an Blei mit 46 Pfd. ergiebt. — Um hierauf die Probe anzustellen, schließe man: 37 Pfd. Zinn verlieren 5 Pfd., also verlieren 74 Pfd. 10 Pfd. Ferner verlieren 23 Pfd. Blei 2 Pfd., also verlieren 46 Pfd. 4 Pfd., mithin ist der gesammte Verlust im Wasser 14 Pfd.

80.

Welche 2 Zahlen A und B sind von der Beschaffenheit, daß 4A nebst B gleich 23 und A nebst 5B gleich 20?

Auflösung.

Wenn man zu A 5B addirt, ist die Summe 20, also ist 4A nebst 20B gleich 80. Nun ist 4A nebst B gleich 23, also um 57 weniger als 80; wenn aber dadurch, daß 19B weniger genommen wird, 57 weniger heraus kommt, so muß 19B gleich 57 und also B gleich 3 sein.

81.

Welche 2 Zahlen sind so beschaffen, daß wenn man zu A 30 addirt die Summe gleich 2B ist; wenn man aber 30 zu B addirt, die Summe um $\frac{2}{5}$ größer als A ist?

Auflösung.

Erstlich ist B gleich $\frac{1}{2}$A nebst 15. Zweitens ist B gleich $\frac{7}{5}$A weniger 30, also ist $\frac{5}{10}$A nebst 15 gleich $\frac{14}{10}$A weniger 30, d. h. subtrahirt man von $\frac{9}{10}$A 30, so bleibt 15 übrig, mithin ist $\frac{9}{10}$A gleich 45 oder $\frac{1}{10}$A gleich 5. Folglich A gleich 50 u. s. w.

82.

Es werden 2 Zahlen gesucht, die wenn man zu ihrer Summe ihre Differenz addirt, ihr Produkt herauskommt, wird aber die kleinere von der Differenz subtrahirt, so bleibt der Quotient beider Zahlen übrig. Welche Zahlen sind es?

Auflösung.

Die Summe aus der Summe zweier Zahlen nebst ihrer Differenz enthält 2mal die kleinere Zahl und 2mal die Differenz. Wenn also diese Summe dem Produkte der gesuchten Zahlen gleich sein soll, so muß die kleinere gleich 2 sein, weil nur dann die größere, d. i. die kleinere nebst der Differenz mit der kleinern multiplicirt, zum Produkt, 2mal die kleinere und 2mal die Differenz geben kann. Dividirt man daher die größere durch die kleinere, so erhält man ½mal die kleinere nebst ½mal die Differenz zum Quotienten. Dieser Quotient soll, der Aufgabe gemäß, zum Vorschein kommen, wenn man die kleinere Zahl 2 von der Differenz subtrahirt, die Differenz muß also nicht nur die kleinere 2, sondern auch der Quotient, d. i. ½mal die kleinere gleich 1 nebst ½mal die Differenz sein. Wenn aber die ganze Differenz gleich ½mal die Differenz nebst 3 ist, so muß sie gleich 6, und daraus die größere Zahl gleich 8 sein.

83.

Wenn zur Summe zweier Zahlen ihre Differenz addirt wird kommt ihr Produkt heraus. Wird aber von ihrer Summe ihre Differenz subtrahirt, bleibt ihr Quotient übrig. Welche 2 Zahlen sind es?

Auflösung.

Nach der vorhergehenden Aufgabe ergiebt sich hier wieder, daß die kleinere Zahl gleich 2 sei, und daß also der Quotient aus ½mal der kleinern nebst ½mal der Differenz bestehe. Dieser Quotient erscheint, wenn die Differenz der gesuchten Zahlen von ihrer Summe subtrahirt wird; die Summe enthält also die Differenz nebst dem Quotienten, oder die Differenz nebst ½mal die kleinere 2 nebst ½ der Differenz, d. i. 1½mal die Differenz nebst 1.

Sie enthält aber auch 2mal die kleinere oder 4 nebst der Differenz. Es ist demnach ½mal die Differenz gleich 3 und also die Differenz gleich 6, ganz so wie vorher.

84.

Von welchen 2 Zahlen ist die Summe 2mal, und das Produkt 12mal so groß wie ihre Differenz?

Auflösung.

Da die Summe zweier Zahlen aus 2mal der kleinern und 1mal der Differenz besteht, so muß hier 2mal die kleinere gleich der Differenz und also 1mal die kleinere gleich ½mal der Differenz sein, und da die größere aus der kleinern und der Differenz besteht, so muß hier die kleinere ⅓ der größern und also ⅔ der größern gleich 2mal der Differenz sein. Nun soll nach dem zweiten Theil der Aufgabe das Produkt gleich 12mal die Differenz sein. Dieses heißt daher soviel als $\frac{24}{3}$ der größern oder 8mal die größere ist 12mal die Differenz. Folglich muß die kleinere Zahl gleich 8 sein, woraus sich die größere gleich 24 ergiebt.

85.

Welcher Bruch ist von der Beschaffenheit, daß wenn man 1 vom Zähler subtrahirt ⅛, und wenn 1 vom Nenner subtrahirt wird ⅓ heraus kommt?

Auflösung.

Nimmt man 1 vom Zähler hinweg, so enthält der Nenner gerade 4mal den Zähler, folglich muß der Nenner vorher den Zähler 4mal weniger 4 enthalten haben. Nun vermindert man den Nenner um 1, wodurch er so groß wird als 4mal der Zähler weniger 5, und dieses soll so groß sein als 3mal der Zähler; subtrahirt man also 5 vom 4fachen Zähler, so bleibt 3mal der Zähler übrig, es muß daher der Zähler gleich 55 sein, woraus der Nenner gleich 16 erfolgt.

Anmerkung. Diese Aufgabe ist bereits unter Nr. 44. vorgekommen und ist hier nur deshalb wiederholt worden um der Auflösung eine etwas klarere Fassung zu geben

86.

Es verkauft Jemand 2 Sorten Wein für $20\frac{1}{2}$ Gr. und für 20 Gr. das Quart. Um die bessere Sorte zu erlangen hat er 3 Quart eines theurern Weins A mit 5 Quart eines wohlfeilern B vermischt, die schlechtere Sorte aber aus $3\frac{3}{4}$ Quart von A mit $7\frac{1}{2}$ Quart von B zusammengesetzt. Welchen Preis hatte das Quart von A und von B?

Auflösung.

Es werden 3 Quart von A mit 5 Quart von B für 8mal $20\frac{1}{2}$ Gr. gleich 164 Gr. verkauft, also ist der 5fache Preis von B gleich 164 Gr. weniger des 3fachen Preises von A. Diese Differenz durch 5 dividirt giebt den Preis von B. Auf eine ähnliche Weise ergiebt sich der Preis von B, wenn man 225 weniger $3\frac{3}{4}$ A des A durch $7\frac{1}{2}$ dividirt. Man hat also 2 gleiche Differenzen, die jede mit dem Preis von A multiplicirt sind. Die beiden Subtrahenden sind $\frac{164}{5}$ und $\frac{225}{7\frac{1}{2}}$. Die Subtraktoren sind $\frac{3}{5}$ A und $\frac{3\frac{3}{4}}{7\frac{1}{2}}$ A. Da nun die Differenzen ein=

ander gleich sind, so müssen auch die Differenzen der Subtrahenden und der Subtraktoren sich gleich sein. Hiernach erhält man $\frac{164}{5}$ weniger $\frac{22}{7\frac{1}{2}}$ gleich $\frac{3}{5}$ A weniger $\frac{3\frac{3}{4}}{7\frac{1}{2}}$A oder alles unter einerlei Nenner gebracht $\frac{1250}{37\frac{1}{2}}$ weniger $\frac{1125}{37\frac{1}{2}}$ gleich $\frac{105}{37\frac{1}{2}}$ und $\frac{22\frac{1}{2}}{37\frac{1}{2}}$A weniger $\frac{18\frac{3}{4}}{37\frac{1}{2}}$A gleich $\frac{3\frac{3}{4}}{37\frac{1}{2}}$A. Wenn aber $\frac{105}{37\frac{1}{2}}$ gleich $\frac{3\frac{3}{4}}{37\frac{1}{2}}$A ist, so muß auch 105 gleich $3\frac{3}{4}$ A sein. Hieraus folgt, daß der gesuchte Preis von A gleich 28 Gr. ist. — Nach obigem findet man den Preis von B gleich (164 weniger 3 A) dividirt durch 5; man braucht also nur 3mal 28 gleich 84 von 164 zu subtrahiren und den Rest 80 durch 5 zu dividiren, so giebt der Quotient 16 Gr. den Preis von B an.

87.

Im Jahre 1 hat man einen guten Groschen zu 5 Procent Zinsen ausgeliehen und jedes Jahr 1 Gr. dem Kapitale zugelegt. Es fragt sich, wie hoch sich die Zinsen im Jahre 1836 belaufen? Wieviel die Zinsen zusammen genommen betragen? und wie groß die Summe von Kapital und Zinsen sein wird?

Auflösung.

Man siehet sogleich, daß man es hier mit einer steigenden arithmetischen Progression zu thun hat. Die hier gegebenen Größen sind: das erste Glied, die Differenz und die Anzahl der Glieder. Das erste Glied ist die Zahl, welche die Zinsen bezeichnet im Jahre 1 hervorgebracht, sie betragen $\frac{1}{20}$ Gr. Im Jahre 2, wo das

Kapital 2 Gr. ist, sind die Zinsen $\frac{2}{20}$ Gr., und so wachsen sie in jedem Jahre um $\frac{1}{20}$ Gr. Hieraus gehet hervor, daß die Differenz der Reihe gleich 1 Gr. ist. Die Anzahl der Glieder giebt die Jahreszahl 1836 an. Die gesuchten Zahlen sind das letzte Glied, und die Summe aller Glieder. Man findet bald, daß jedes Glied aus einer Summe von 2 Summanden besteht, wovon der Eine das erste Glied und der Andere eine Zahl ist, welche die Differenz so oft in sich begreift, als die um 1 verringerte Zahl beträgt, die angiebt das wievielte Glied der Reihe das in Rede stehende ist. Hieraus entspringt die Regel: man findet jederzeit das letzte Glied einer arithmetischen Progression, wenn man die um 1 verringerte Anzahl der Glieder mit der Differenz multiplicirt und das Produkt zum ersten Gliede addirt. Hier ist die Anzahl der Glieder 1836, die Differenz und das erste Glied $\frac{1}{20}$ Gr., man muß daher folgende Berechnung anstellen:

1836 weniger 1 gleich 1835.
1835mal $\frac{1}{20}$ gleich $91\frac{15}{20}$ Gr.
$\frac{1}{20}$ nebst $91\frac{15}{20}$ gleich $91\frac{4}{5}$ Gr.

Also betragen die Zinsen im Jahre 1836 $91\frac{4}{5}$ Gr.

Um nun eine allgemeine Regel zu entwickeln, nach welcher man zu verfahren habe, um die Summe aller Glieder einer arithmetischen Reihe sofort und ohne die Addition selbst vorzunehmen, anzugeben, betrachte man folgende Reihe:

1, 5, 9, 13, 17, 21, 25, 29 . . .

Sie besteht aus 7 Gliedern. Das erste Glied ist 1 das letzte 29. Die Differenz ist 4. Was zuvörderst die 4 ersten Glieder betrifft, so ergiebt sich, daß die Summe der beiden äußern Glieder 1 und 13 gleich ist der Summe der beiden mittlern 5 und 9, gleich 14, welches auch jedesmal, die Zahlen mögen sein welche sie wollen, der Fall sein muß. Denn aus der Vergleichung der beiden Summen ergiebt sich, daß der eine Summand 5 um eben so viel größer ist als der Summand 1, wie der Summand 9 kleiner als der Summand 13 ist. Diese Schlüsse gelten für alle Glieder der Reihe. Nämlich 1 nebst 29, gleich 5 nebst 25, gleich 9 nebst 21, u. s. w. Besteht daher die Progression aus einer geraden Anzahl Glieder (6) und ist das erste und letzte Glied (1, 21) gegeben, so braucht man nur die Summe dieser beiden äußern Glieder (1 nebst 21 gleich 22) mit der halben Anzahl der Glieder (3) zu multipliciren, wo denn das Produkt (66) die Summe der Reihe (von 1 bis 21) ergiebt. In der gegenwärtigen Aufgabe ist die Anzahl der Glieder 1836, hiervon die Hälfte giebt 918. Die Summe des ersten und letzten Gliedes ist $\frac{1}{20}$ Gr. nebst $91\frac{4}{5}$ Gr. gleich $91\frac{17}{20}$ Gr., mithin ist 918mal $91\frac{17}{20}$ gleich 3513 Thl. 6 Gr. 4 Pf. gleich der gesuchten Summe aller Zinsen. — In Betreff des Kapitals, so beträgt dies 1836 Gr. oder 76 Thlr. 14 Gr., und dieses macht mit den Zinsen zusammen eine Summe von 3589 Thlr. 18 Gr. 4 Pf.

Auch wenn die Progression eine ungerade Anzahl Glieder hat, findet dieselbe Regel statt. Gesetzt, es wäre hier das letzte Glied 25, so findet man die Summe ebenfalls indem man ansetzt: $3\frac{1}{2}$mal 26 gleich 91.

88.

Ein Witterungskundiger hatte einst seine Beobachtungen der Thermometerstände in folgender Weise aufgezeichnet, daß in den 12 Tagen vom 18ten bis zum 29sten Juni das Thermometer täglich um $\frac{1}{2}^0$ gestiegen. Das arithmetische Mittel von diesen 12 verschiedenen Thermometerständen war $18\frac{3}{4}^0$. Es fragt sich nun, auf welchem Grad das Thermometer am 18ten gestanden habe?

Auflösung.

Man sieht bald, daß man es hier mit einer arithmetischen Reihe zu thun hat, deren Anzahl der Glieder 12, deren Differenz $\frac{1}{2}$ und deren erstes Glied der Thermometerstand am 18ten gesucht wird. Es kommt also hier nur darauf an, daß man aus dem gegebenen arithmetischen Mittel $18\frac{3}{4}^0$ die Summe des ersten und letzten Gliedes ermittelt, weil sich alsdann, nach einer bekannten Regel, das erste Glied finden läßt. — Da nun das arithmetische Mittel zwischen 2 Zahlen immer der halben Summe dieser beiden Zahlen gleich ist, so ergiebt sich hier sofort die Summe des ersten und letzten Gliedes gleich 2mal $18\frac{3}{4}$ gleich $37\frac{1}{2}$. — Nun verfährt man nach der erwähnten Regel. Nämlich: man multiplicirt die halbe Anzahl der Glieder 6 mit der um 1 verringerten Anzahl der Glieder 11 und mit der Differenz $\frac{1}{2}$, giebt 33. Ferner zieht man 33 von der Summe der

Reihe 225 ab, bleibt 192, und dividirt diesen Rest durch die Anzahl der Glieder 12. Der Quotient ist gleich 16, als das gesuchte erste Glied, oder als der Thermometerstand am 18ten. — Die 12 Thermometerstände bilden demnach folgende Reihe:

16, 16½, 17, 17½, 18, 18½, 19, 19½, 20, 20½, 21, 21½.

In dieser Reihe ist die Differenz gleich ½ und das arithmetische Mittel zwischen dem ersten und letzten Gliede 16 und 21½ gleich 18¾, alles der Aufgabe gemäß.

89.

Es hatte sich Jemand verpflichtet, für eine gewisse Summe 400 Soldaten 16 Monate lang zu beköstigen. Anfänglich kamen aber nur 200 Mann. Nach 7 Monaten folgten noch 250 Mann und 8 Monat später noch 150 Mann. Wie lange müssen nun die 600 Mann für die erwähnte Summe beköstigt werden?

Auflösung.

Die Beköstigung von 400 Mann in einem Monat ist gleich der Beköstigung von einem Mann in 400 Monaten. Mithin ist auch die Beköstigung von 400 Mann in 16 Monaten, gleich 16mal 400, gleich 1 Mann in 6400 Monate. Nun waren hier zuerst 200 Mann 7 Monat in Kost und dann noch 8 Monat, also 15 Monat, welches eben soviel ist, als wenn 1 Mann 15mal 200 gleich 3000 Monat beköstigt worden wäre. Ferner haben 250 Mann 8 Monat Kost erhalten, das beträgt auf 1 Mann 8mal 250 gleich 2000 Monat. Bis dahin ist daher für 1 Mann auf 5000 Monate geliefert worden, und bleibt demnach noch die Beköstigung für 1 Mann auf 6400 weniger 5000 gleich 1400 Monat übrig. Diese Kost soll nunmehr von 600 Mann verzehrt werden, und reicht folglich auf $2\frac{1}{3}$ Monat hin, indem 1400 dividirt durch 600 $2\frac{1}{3}$ zum Quotienten giebt.

90.

Wie findet man 2 Zahlen deren Summe und deren Produkt gegeben sind?

Auflösung.

Gesetzt, die beiden Zahlen wären 7 und 4. Nun besteht die größere Zahl (7) aus der kleinern (4) und der Differenz (3). Erhebt man daher die Summe (11) zum Quadrat, welches bekanntlich aus dem Quadrate der beiden Zahlen und ihrem doppelten Produkte zusammengesetzt ist, so erhält man folgende Summe (wenn für 7mal 7, 7mal 4 nebst 7mal 3 gesetzt wird) 7mal 4 nebst 7mal 3 nebst 2mal 7mal 4 nebst 4mal 4, oder 3mal 7mal 4, nebst 7mal 3, nebst 4mal 4. Die beiden letzten Summanden lassen sich verwandeln in

3mal 3 nebst 4mal 3 nebst 4mal 4

oder in 3mal 3 nebst 7mal 4.

Das Quadrat der Summe (11) enthält also überhaupt:

4mal 7mal 4 nebst 3mal 3.

Man braucht daher nur das gegebene Produkt mit 4 zu multipliciren und von dem Quadrat der ebenfalls gegebenen Summe zu subtrahiren und aus dem Rest die Quadratwurzel zu ziehn, um die Differenz und folglich auch die Zahlen selbst zu finden. — Es sei z. B. die

Summe zweier Zahlen 15 und ihr Produkt 44, so setzt man 15mal 15 gleich 225,

225 weniger 4mal 44, gleich 49.

Hieraus die Quadratwurzel gezogen giebt die Differenz 7. Mithin ist die kleinere Zahl 4 und die größere 11.

91.

Wie findet man aus dem Produkt und der Differenz zweier Zahlen die Zahlen selbst?

Auflösung.

Nach der vorhergehenden Aufgabe besteht das Quadrat beider Zahlen aus ihrem 4fachen Produkt und dem Quadrat der Differenz. Quadrirt man also die gegebene Differenz und addirt das gegebene 4fache Produkt, so braucht man nur aus dieser Summe die Quadratwurzel zu ziehn um die Summe, und hieraus die Zahlen selbst zu erhalten. — Gesetzt, das Produkt sei 15 und die Differenz 2, so ist 2mal 2 gleich 4, zu 4mal 15 gleich 60 addirt giebt 64, und hieraus die Wurzel gleich 8 gleich der gesuchten Summe, woraus sich die beiden Zahlen 3 und 5 ergeben.

92.

Wie werden 2 Zahlen aus ihrem Produkt und dem Quotienten, der entsteht, wenn die größere Zahl durch die kleinere dividirt wird, gefunden?

Auflösung.

Hier hat der Quotient in der Form eines Bruches dargestellt, die größere Zahl zum Zähler und die kleinere zum Nenner. Die größere kann daher durch ein Produkt aus der kleinern mal diesen Bruch ausgedrückt werden, so daß das gegebene Produkt beider Zahlen 2 Faktoren, das Quadrat der kleinern und den Quotienten enthält. Dividirt man demnach in dieses Produkt mit dem gegebenen Quotienten, und ziehet die Wurzel aus, so erhält man die kleinere und somit auch die größere Zahl. Es sei z. B. das Produkt 252 und der Quotient $1\frac{3}{4}$ gegeben, so ist 252 dividirt durch $1\frac{3}{4}$ gleich 144, und hieraus die Wurzel 12 gleich der kleinern und folglich 21 die größere Zahl. — Für den Fall, daß der gegebene Quotient ein eigentlicher Bruch sei, so enthält das gegebene Produkt wieder 2 Faktoren, das Quadrat der größern Zahl und den Quotienten, und man findet also, ähnlich wie vorher, die größere und hiermit auch die kleinere Zahl.

93.

Wie lassen sich aus der Summe und dem Quotienten zweier Zahlen diese Zahlen selbst ermitteln?

Auflösung.

Es besteht die gegebene Summe, wenn nämlich der Quotient ein uneigentlicher Bruch ist, aus dem Produkt der kleinern Zahl mit dem Quotienten, nebst der kleinern Zahl, oder aus dem Produkte des um 1 vermehrten Quotienten mit der kleinern Zahl. Man braucht daher nur mit dem um 1 vermehrten Quotienten in die gegebene Summe zu dividiren um die kleinere Zahl als Quotient zu erhalten. Wählt man hier das Beispiel aus der vorhergehenden Aufgabe, so ist $\frac{7}{4}$ nebst 1 gleich $\frac{11}{4}$. Die

Summe 33 durch $\frac{11}{4}$ dividirt giebt die kleinere Zahl 12. Für den Fall, wo der gegebene Quotient ein eigentlicher Bruch ist, läßt sich die gegebene Summe in ein Produkt verwandeln, in welchem der eine Faktor die größere Zahl und der andere der um 1 vermehrte Quotient ist u. s. w.

94.

Wenn die Differenz und der Quotient zweier Zahlen gegeben sind, wie ermittelt man diese Zahlen selbst?

Auflösung.

Die gegebene Differenz besteht hier, ähnlich wie in der vorhergehenden Aufgabe die Summe, aus dem Produkt der kleinern mit dem Quotienten, weniger der kleinern Zahl, oder aus dem Produkt der kleinern mit dem um 1 verringerten Quotienten. Dividirt man daher die gegebene Differenz durch den um 1 verringerten Quotienten, so erhält man die kleinere Zahl u. s. w. — Setzt man hier wie vorher die Differenz gleich 9 und den Quotienten gleich $1\frac{3}{4}$, so ergiebt sich 9 dividirt durch $\frac{3}{4}$ gleich 12 für die kleinere Zahl u. s. w.

95.

Wie ermittelt man aus der Summe zweier Zahlen und aus der Summe ihrer Quadrate die Zahlen selbst?

Auflösung.

Quadrirt man die gegebene Summe, die bekanntlich aus 2mal der kleinern und 1mal der Differenz besteht, so erhält man das 4fache Quadrat der kleinern nebst dem Produkt der kleinern mit der Differenz nebst dem

Quadrat der Differenz. Dagegen besteht die gegebene Quadraten-Summe nur aus dem 2fachen Quadrat der kleinern, dem 2fachen Produkt der kleinern mit der Differenz und dem Quadrat der Differenz. Multiplicirt man diesen Ausdruck durchweg mit 2, so erhält man das 4fache Quadrat der kleinern nebst dem 4fachen Produkt der kleinern mit der Differenz und aus dem 2fachen Quadrat der Differenz. Subtrahirt man also das Quadrat der gegebenen Summe von der 2fachen gegebenen Quadraten-Summe, so bleibt das Quadrat der Differenz übrig, woraus man daher nur die Wurzel zu ziehen braucht, um die Differenz und somit auch die gesuchten Zahlen zu erhalten. — Es sei z. B. die Summe gleich 14 und die Quadraten-Summe gleich 130, so ist

14mal 14 gleich 196,

2mal 130 gleich 260,

260 weniger 196 gleich 64.

Hieraus die Quadratwurzel gleich der Differenz 8, und also die gesuchten Zahlen 11 und 3.

96.

Wie ergeben sich aus der Differenz zweier Zahlen und ihrer Quadraten-Summe die Zahlen selbst?

Auflösung.

Wenn man nach der vorhergehenden Aufgabe das Quadrat der Summe von der 2fachen Quadraten-Summe subtrahirt, so bleibt das Quadrat der Differenz übrig, es muß daher die 2fache Quadraten-Summe aus dem Quadrat der Summe und dem Quadrat der Differenz bestehen. Subtrahirt man demnach von der gegebenen 2fachen Quadraten-Summe das gegebene Quadrat der Differenz und ziehet aus dem Rest die Quadratwurzel, so erhält man die Summe beider Zahlen, und so die Zahlen selbst. — Für das vorhergehende Beispiel ergiebt sich 260 weniger 64 gleich 196, und wird hieraus die Wurzel gezogen, so erhält man 14 zur Summe u. s. w.

97.

Wie werden aus der Differenz und der Quadrat-Differenz zweier Zahlen die Zahlen selbst ermittelt?

Auflösung.

Das Quadrat der größern Zahl besteht aus dem Quadrat der kleinern nebst dem 2fachen Produkt der kleinern mit der Differenz nebst dem Quadrat der Differenz. Subtrahirt man hiervon das Quadrat der kleinern, so entsteht die Quadraten-Differenz, welche enthält das Quadrat der Differenz nebst dem 2fachen Produkt aus der kleinern mit der Differenz. Man braucht demnach nur von der gegebenen Quadraten-Differenz das Quadrat der gegebenen Differenz zu subtrahiren, und den Rest durch die 2fache Differenz zu dividiren, um die kleinere Zahl und somit auch die größere zu erhalten.

98.

Wie ermittelt man 2 Zahlen aus ihrer Summe und Quadraten-Differenz?

Auflösung.

Quadrirt man die gegebene Summe, so erhält man das 4fache Quadrat der kleinern, nebst dem 4fachen Produkt der kleinern mit der Differenz, nebst dem Quadrat der Differenz. Nun besteht nach vorhergehender Aufgabe, die Quadraten-Differenz aus dem Quadrat der Differenz und aus dem 2fachen Produkt der kleinern mit der Differenz. Subtrahirt man also die Quadraten-Differenz von dem Quadrat der Summe, so bleibt das 4fache Quadrat der kleinern, nebst dem 2fachen Produkt der kleinern mit der Differenz übrig. Dieser Rest läßt sich als ein Produkt aus 2 Faktoren darstellen. Nämlich die kleinere Zahl mal (4mal die kleinere nebst 2mal die Differenz). Der in den Klammern befindliche Faktor ist aber gerade 2mal so groß wie die Summe zweier Zahlen, wovon jede aus 2mal der kleinern und 1mal der Differenz besteht. Dividirt man demnach mit der gegebenen doppelten Summe in den erwähnten Rest, so erhält man die gesuchte kleinere Zahl zum Quotienten. — Es sei die Summe sowohl wie die Quadraten-Differenz gleich 5, so ist die Berechnung folgende:

5mal 5 gleich 25,
25 weniger 5 gleich 20,
20 dividirt durch 2mal 5 gleich 2.

Also ist die kleinere Zahl gleich 2, woraus sich die größere Zahl gleich 3 ergiebt.

99.

Es sollen 3 Zahlen ermittelt werden, die eine stetige geometrische Proportion bilden, deren Summe gleich 26 und deren Produkt gleich 216 ist. Welche Zahlen sind es?

Auflösung.

Die erste dieser Zahlen ist jedesmal um eben soviel größer oder kleiner als die zweite, um wie viel mal die dritte kleiner oder größer als die zweite ist. Es ist also das Produkt dieser 3 Zahlen gleich dem Kubus der zweiten Zahl, und mithin ist hier die zweite Zahl gleich der Kubikwurzel aus 216 gleich 6. Subtrahirt man 6 von 26, so giebt der Rest 20 die Summe der ersten und dritten Zahl an. Das Quadrat der zweiten Zahl 36 ist ferner bekanntlich gleich dem Produkte aus der ersten mit der dritten Zahl. Aus der Summe und dem Produkte zweier Zahlen lassen sich aber (nach Nr. 90.) die Zahlen selbst finden, und so ergeben sich für dieselbe die Zahlen 2 und 18. Die gesuchten 3 Zahlen sind folglich 2, 6, 18.

100.

Wie findet man die Summe der Quadrate von den natürlichen Zahlen, die eine Reihe bilden, welche von 1 anfängt und deren letztes Glied gegeben ist?

Auflösung.

Die einfache Zahlensumme ist aus dem ersten und letzten Gliede und der Anzahl der Glieder nach obigem (Nr. 87) sofort zu finden. Es kommt also hier nur darauf an, daß man die Summe der einzelnen Ueberschüsse, die durch die Quadrate entstehen, ermittele. Es sei z. B. die Zahlenreihe 1, 2, 3, 4, 5 gegeben, so ist die Zahlensumme gleich 15, und die Quadratensumme gleich 55, und also die Summe der Ueberschüsse gleich

40. Stellt man diese letztere Summe, nach Fig. A, durch ihre einzelnen Ueberschüsse dar, so ergiebt sich, nach Fig. B, die Anzahl der Einheiten, welche fehlen um mit A ein Rechteck zu bilden, dessen lange Seite der Zahlensumme 15, und dessen kurze Seite der um 1 verringerten letzten Zahl 4 gleich ist. Denn A enthält 40 und B 20 Einheiten, also zusammen 60, gleich 4mal 15.

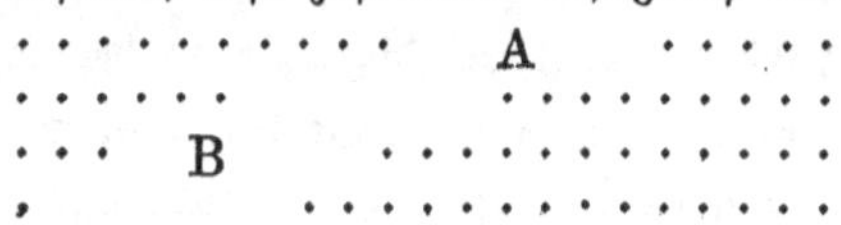

Hieraus entspringt die Regel: man multiplicire die um 1 verringerte letzte Zahl (4) mit der Zahlensumme (15) und subtrahire von diesem Produkt (60) $\frac{1}{3}$ desselben (20), so ist der Rest (40) die gesuchte Summe der Ueberschüsse (40). — Daß übrigens diese Regel auf alle möglichen Reihen der natürlichen Zahlen anwendbar ist, davon überzeugt man sich leicht, wenn man bedenkt, daß so wie A größer oder kleiner wird, in demselben Verhältniß auch B größer oder kleiner werden muß. Es sei z. B. die Reihe von 1 bis 100 gegeben, so ist:

5050 die Zahlensumme,

5050mal 99 gleich 199950,

199900 dividirt durch $\frac{3}{2}$ gleich 333300,

333300 nebst 5050 gleich 338350 die Quadratsumme.

FSC
www.fsc.org
MIX
Papier | Fördert gute Waldnutzung
FSC® C083411

Zeitfracht Medien GmbH
Ferdinand-Jühlke-Straße 7
99095 Erfurt, Deutschland
produktsicherheit@kolibri360.de